高等职业学校旅游类专业教材

咖啡鉴赏与制作

主　编　张树坤

中国轻工业出版社

图书在版编目（CIP）数据

咖啡鉴赏与制作／张树坤主编．—北京：中国轻工业出版社，2021.1

高等职业学校旅游类专业教材

ISBN 978-7-5184-0433-9

Ⅰ．①咖… Ⅱ．①张… Ⅲ．①咖啡–鉴赏–高等职业教育–教材 ②咖啡–配制–高等职业教育–教材 Ⅳ．①TS273

中国版本图书馆CIP数据核字（2015）第046362号

责任编辑：史祖福　　责任终审：劳国强　　封面设计：锋尚设计

版式设计：锋尚设计　　责任校对：燕　杰　　责任监印：张　可

出版发行：中国轻工业出版社（北京东长安街6号，邮编：100740）

印　　刷：三河市万龙印装有限公司

经　　销：各地新华书店

版　　次：2021 年 1 月第 1 版第 5 次印刷

开　　本：787 × 1092　1/16　印张：8.5

字　　数：163千字

书　　号：ISBN 978-7-5184-0433-9　定价：39.00 元

邮购电话：010-65241695

发行电话：010-85119835　传真：85113293

网　　址：http：//www.chlip.com.cn

Email：club@chlip.com.cn

如发现图书残缺请与我社邮购联系调换

210048J2C105ZBW

PREFACE 前言

近年来，有着神秘色彩的西方饮品——咖啡，正在迅速进入我国普通老百姓的家庭，大大小小的咖啡馆如雨后春笋般地出现在都市街头。为应对市场对咖啡调制与服务专业人才的需要，国内越来越多的高职院校开始尝试开设相关课程，但专门介绍咖啡调制与鉴赏技艺的教材并不多见。为了弥补这一缺项，我们组织编写了这本《咖啡鉴赏与制作》教材。

《咖啡鉴赏与制作》作为高职院校酒店管理专业的创新技能课程之一，在编写时我们十分注重体例的创新性以及内容的实用性与有效性，力求做到简明扼要、通俗易懂。全书共分为8个项目，涉及咖啡种植与主产地、咖啡豆的基本知识、常见咖啡品种、咖啡调制的基本要求和常见工具、咖啡煮制器具、意式蒸汽咖啡机、常见意式咖啡的制作和其他咖啡的制作等相关内容。本书图文并茂，形象生动，让学生学习起来更加快速、有效。鉴于学生在今后工作中的实际需要，我们对书中的咖啡品种、设备、用具、咖啡风味等都附注了英语原文，便于学生学习和掌握。

该书的编写人员均有着丰富的酒店餐饮服务与管理经验，湖北职业技术学院旅游与酒店管理学院院长张树坤担任主编，他本人曾先后任职于美国丹佛万豪酒店、美国巴尔的摩万丽酒店、武汉新世界万怡酒店，并先后出版了多部专业教材。本书由湖北职业技术学院旅游与酒店管理学院王丽为和武汉职业技术学院航空旅游服务学院韩鹏担任副主编。湖北职业技术学院旅游与酒店管理学院专业教师王丹、吴亚娟，浙江舟山阿鲁亚豪生酒店餐饮总监姜浩，武汉金美家咖啡专营公司总经理、咖啡大师刘刚参与了本书的编写工作。

本书在编写过程中，得到了中国轻工业出版社的大力支持和指导。同时，我们也参阅了国内外同行出版的相关书籍和资料。在此，我们谨致以诚挚的感谢。当然，书中不足也恳请广大读者提出宝贵意见。

编　者

二〇一五年三月

CONTENTS 目录

项目一

咖啡种植与主产地

■ 学习目标

通过本项目的学习，可以大概了解咖啡的种植历史、咖啡的传播、咖啡的主产地等内容。

■ 学习注释

■ 学习内容

任务1　咖啡种植简史

两千多年前，游牧民族欧若默思人（Oromos），也就是今天的刚果金人，并不是把咖啡煮成液体饮用，而是把咖啡豆碾碎后与油脂混合，再做成咖啡球直接食用。欧若默思人生活在一个叫做“柯法”（Kefa）的王国。据说，咖啡（coffee）一词就源于“柯法”（Kefa）这一名称。而就是这些欧若默思人把咖啡豆带到了埃塞俄比亚的著名咖啡种植区哈拉尔（Harar）。

有一种说法与一个名叫卡迪（Kaldi）的埃塞俄比亚牧羊人和他的一头会跳舞的山羊有关。据说卡迪的山羊在吃草时不知不觉地来到了草木茂盛的火山坡，并舔食了一些叫做“卡法”树木的浆果。随后，这只山羊便连续蹦跳了几个小时（图1-1）。卡迪百思不得其解，于是自己也亲口尝了下树上的浆果。结果，他也和那只山羊一样兴奋得手舞足蹈起来。一位僧人正好路过，好奇地询问这是怎么

图1-1　跳舞的山羊概念图

回事，牧羊人卡迪随手摘了几粒浆果给僧人品尝，僧人一路蹦蹦跳跳地回到了寺庙，就像换了个人似的。他明白，这些咖啡豆可以消除疲劳，因此能够让他的信徒们彻夜坐着听他传道。于是，这位僧人开始让信徒们吃咖啡豆，并尝试着将咖啡豆研磨后煮制成热饮。就这样，咖啡被传入了穆斯林世界。

因咖啡有着重要的经济价值，所以在历史上，咖啡种植国都将这一重要的商品保护起来不让其外流。在奥斯曼帝国兴起的过程中，穆斯林国家将咖啡控制了很多年，并成功地封锁了与欧洲的贸易。到了15世纪，西班牙的哥伦布、葡萄牙的德伽马等欧洲探险家开始出发探索新的贸易通道。

最后，哥伦布登上了美洲大陆。而德伽马则绕着好望角周围的非洲大陆航行，从南边抵达阿拉伯，直至印度尼西亚的阿奇佩拉戈。葡萄牙人开始在这里建立殖民地，但是好景不长，荷兰人很快就夺取并占领了这里的岛屿，掌控了当地的生产和贸易。荷兰人在这里的主要收入来源就是咖啡生产。印度尼西亚的咖啡种子最早由荷兰海员在17世纪初从非洲走私带入，荷兰人同样也是将咖啡运往欧洲的主要运输者。他们一般是从两个港口——即也门的摩卡港（Moka或 Mocha）和印度尼西亚的爪哇岛（Java）（图1–2）——将绿色的咖啡豆运往欧洲。

于是，世界上最早的混合咖啡——摩卡爪哇咖啡便应运而生。在当时的欧洲，与奥斯曼帝国的联系也为咖啡打开了市场。据说，一位能够往返于土耳其与奥地利军队间名叫弗兰兹·乔治·柯尔希茨基（Franz Georg Kolschitzky）的信使，熟悉土耳其语言和习俗。在两国的冲突结束后，土耳其人留下了数百袋烘焙过的咖啡。而柯尔希茨基是唯一知道怎么运用这些咖啡的人。于是，凭着这些咖啡

图1–2 爪哇岛的位置

图1–3　奥地利蓝瓶咖啡馆早期的热闹场面

战利品和相关的知识，他在奥地利开辟了第一家咖啡店——“蓝瓶咖啡馆”（The Blue Bottle Coffee House）（图1–3）。如今，在中国已经有多家加盟店，叫作“蓝樽咖啡”。

随后，咖啡馆开始陆续在维也纳、在整个欧洲，最后在全世界涌现。随着咖啡消费热潮的不断高涨，欧洲开始进口咖啡。英国的第一家咖啡馆于1650年在牛津开业。两年后，咖啡馆开始在伦敦出现。到了1888年，日本也开了第一家咖啡馆。

法国和葡萄牙也开始把咖啡这一作物输入到他们的殖民地国家并在那些地方种植。法属西印度群岛就是西半球最早种植咖啡树的地区。巴西由于拥有大量适合种植咖啡的肥沃土地，也希望能够把咖啡树引入。最早在巴西种植的咖啡树品种叫作“波本”。

任务2　咖啡主产地

咖啡树主要生长于地球上一个狭长的亚热带地区，且多数是海边的山地。从南美洲到印度，从非洲、阿拉伯到印度尼西亚，每个咖啡种植地区都具备了气候温和、湿度适中这些特征。咖啡种植地区越是靠近赤道，其海拔就会越高，因为咖啡树特别需要温和的气候。山地高度的差异也造就了风味各异的咖啡品种。

中美洲的火山型山地分裂成安第斯山和科迪乐拉山后，一直延续到南美洲。这些古老火山周围的土壤中矿物质极为丰富。在远离赤道的地区，咖啡生长地的海拔相对较低些，大量的阔叶林被用来为咖啡树遮挡过量的阳光照射。因此，中南美洲合起来就成为世界上最大的咖啡生产地区，其中巴西不管是种植量还是出口总量均居首位。同样，在牙买加、波多黎各这些多山的加勒比岛国，咖啡的种植也很普遍。埃塞俄比亚的咖啡种植区——哈拉尔涵盖了六个活火山，绵延100千米，土壤中的矿物质十分丰富。在肯尼亚，多数咖啡树都种植在肯尼亚山脉的坡地上。尽管东非是咖啡的发源地，但是位于热带的西非也种植咖啡。从埃塞俄比亚穿过红海，阿拉伯半岛上的也门同样盛产咖啡。印度尼西亚的三个岛屿（爪哇、苏拉威西、苏门答腊）也因其咖啡品质而著称。另外，中国的海南省和云南省、东南亚、东印度群岛以及诸如夏威夷这样的太平洋岛屿也种植咖啡。

世界咖啡生产地地图（图1–4），如下。

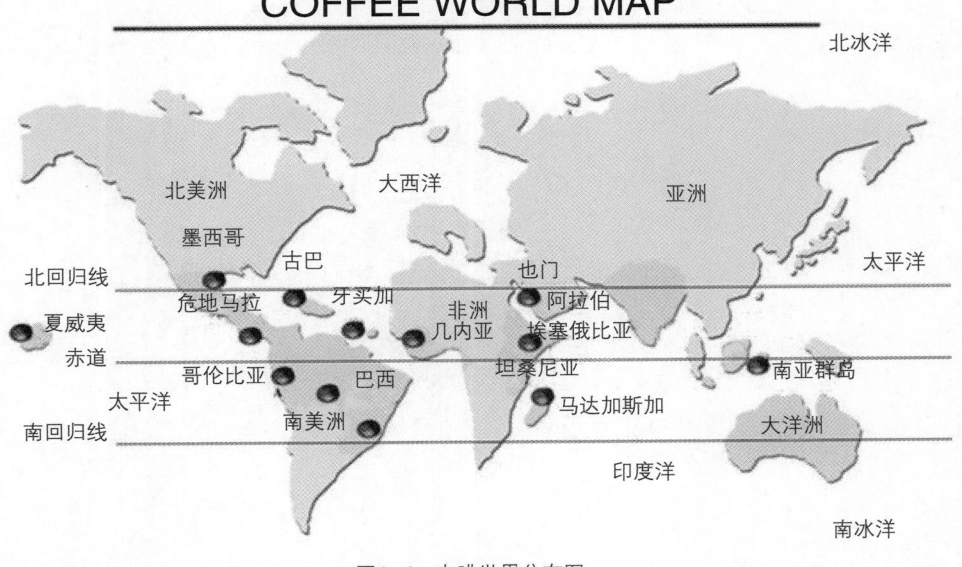

图1–4　咖啡世界分布图

【在下面空白处写下你学习本专题时的实践记录和体会】

项目二

咖啡豆的基本知识

学习目标

通过本项目的学习，将对咖啡豆有一个较为全面的认识和理解。

学习注释

■ 学习内容

若想真正认识咖啡，还需要知道咖啡的来龙去脉。当香浓的咖啡浸润你的双唇时，它已经经历了种植者多年的辛勤劳动和数万千米的运输旅程。咖啡产业链的每一个环节诸如种植、采收、加工、运输、烘焙等都直接影响着杯中咖啡的味道。

任务 1 咖啡种植

咖啡树一般可以长到6米多高。为了便于采收，咖农都会将咖啡树修剪至2.5米到3米。咖啡树的果实如樱桃般大小，通常被称为浆果，而咖啡豆就是这些浆果的籽。成熟的咖啡树会先开出白色而细腻的花朵，花型和香味近似茉莉花。每到下雨天，部分咖啡树就会开花，几天之后，这些漂亮的白色花朵就会变成小小的绿色浆果。浆果成熟的过程中先由绿色变成黄色，再变成红色，最后近乎全黑，整个过程需要6～8个月的时间（图2-1～图2-6）。

图2-1 刚发芽破土的咖啡树苗

正常情况下，一颗浆果中孕育有两粒种子（图2-7）。也就是说，每颗咖啡浆果可以生产两粒咖啡豆，因此，要生产出450克烘焙咖啡就需要大约2000颗咖啡浆果。有时候，一颗浆果肚内如果有一粒咖啡籽未能够正常发育，另一粒咖啡籽就会长满整个空间而变成圆形。这种被称为“豌豆

图2-2 成串的咖啡花朵

图2-3 咖啡花朵特写

图2-4　颜色变化中的咖啡浆果

图2-5　已经变红的咖啡浆果

图2-6　颜色变化中浆果特写

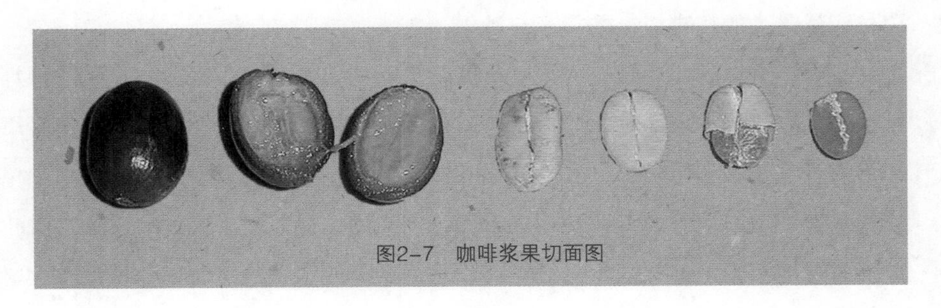

图2-7　咖啡浆果切面图

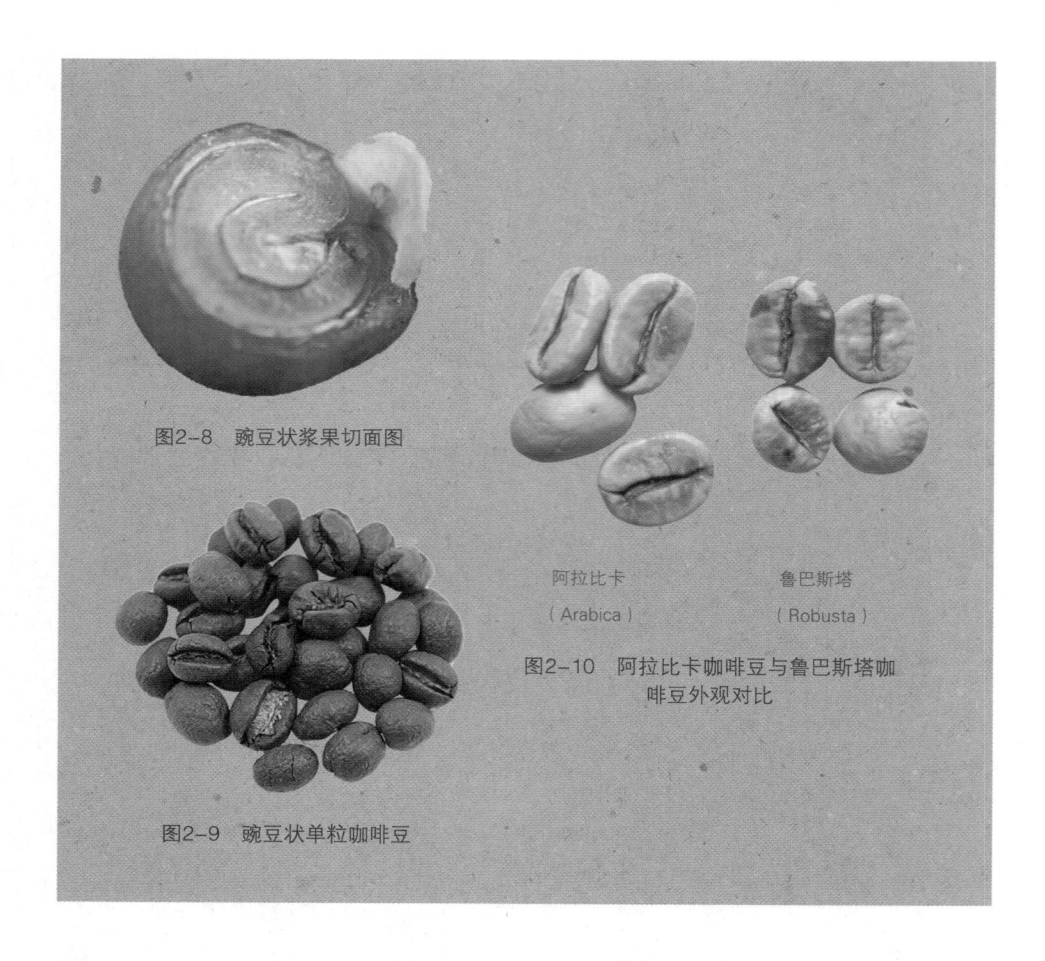

图2-8　豌豆状浆果切面图

图2-9　豌豆状单粒咖啡豆

图2-10　阿拉比卡咖啡豆与鲁巴斯塔咖啡豆外观对比

状浆果”（peaberry）（图2-8）的咖啡豆（图2-9）一般会被分拣出来，单独出售。其实，咖啡行业有人认为这种较少见的圆形咖啡豆比普通咖啡豆的风味更醇厚，也有些人觉得在进行口味盲评的时候尝不出味道上的区别。

世界上很多咖啡种植园的规模并不是很大，有的不到4公顷。这些咖啡树从种子长成能够结果的咖啡树一般需要3～5年的时间，咖啡树成熟后就能够终身开花结果。当然，咖啡树的高峰期产量也取决于种植园内的小气候。种植园的咖啡园艺师需要经常对咖啡树苗进行更新和淘汰，以确保产量稳定。咖啡种植园主也会从产量最高的咖啡树上采集育苗种子。

目前，全球的商用咖啡分为两个品种：阿拉比卡咖啡（Arabica）和鲁巴斯塔咖啡（Robusta）（图2-10）。相比之下，阿拉比卡咖啡更受欢迎，而鲁巴斯塔咖啡豆的风味范围相对较窄，其品质也相对较低。由于咖啡因含量高，鲁巴斯塔咖啡豆常被用于大批量的普通商用咖啡混合产品中。而品质较高的鲁巴斯塔咖啡基本上只被用于少量经典的意大利浓缩咖啡粉中，因为这种咖啡能够增加浓缩咖啡的浓稠度，有助于保持咖啡油沫的香浓。鲁巴斯塔咖啡豆浓郁的味道还可以穿透附加在某些意大利浓缩咖啡饮品里的牛奶的甜味。

阿拉比卡咖啡豆的风味、范围比较广泛，其中包括与埃塞俄比亚的哈拉尔咖啡有关的浆果风味、印度及印度尼西亚咖啡所特有的辛辣与泥土的余味，中美洲咖啡豆的柑橘口感。阿拉比卡咖啡作物生长在海拔较高（610米到1800米）、土壤肥沃、潮湿且相对较为凉爽的热带地区。海边高地（比如危地马拉）以及东非山地中温和的气候十分适合咖啡种植。阿拉比卡咖啡较为脆弱，容易受到多种害虫的侵害，也难以抵住寒冷和粗放的采摘。尽管"阿拉比卡"标签并不是质量的保证，但是这种咖啡一般会被看作是具有更高的品质。不过，生长在巴西的阿拉比卡咖啡质量就差多了。

尽管适合商业咖啡种植的地理和气候范围有限，但是世界各地都有咖啡种植，因此，咖啡可以按照地理要素来进行分类。国际咖啡组织（International Coffee Organization，简称：ICO）按照品种和产地对咖啡的分类如下。

- 哥伦比亚柔和咖啡（Colombian Mild）（图2-11）：主产地包括哥伦比亚、肯尼亚、坦桑尼亚。
- 巴西天然咖啡（图2-12）：主产地包括巴西、埃塞俄比亚。
- 鲁巴斯塔：所有的鲁巴斯塔产地。
- 其他：所有其他阿拉比卡产地。

商业咖啡的生产和产量是以麻袋为计算单位的（图2-13），装运绿色咖啡的

图2-11　以南美地区典型咖农的形象作为商标的哥伦比亚咖啡

图2-12　巴西天然咖啡

图2-13　危地马拉产咖啡麻袋包装

每个标准麻袋可以装70千克。巴西作为世界上最大的咖啡生产国家，年产咖啡3300万麻袋，越南和哥伦比亚并列排第二位，每个国家分别年产1100万麻袋咖啡。2005年，全球咖啡总产量达到了1.06亿麻袋，相当于70亿千克咖啡原豆。

任务2　咖啡的采收与加工

咖啡的采收时间可以长达三个月，因为咖啡树上的咖啡成熟的时间不一致。咖啡的采摘季节完全取决于下雨季节，如果连续下两个月的雨，那么六个月后就有两个月的咖啡采摘季。在哥伦比亚，常年可以采摘咖啡浆果。在肯尼亚，咖啡的收获期为两个月。在墨西哥、夏威夷，咖啡的采摘期为两到三个月。

由于咖啡一般是生长在山地，因此在山地使用机械设备并不现实。最好的办法就是用手工来完成采摘（图2-14）。

成熟的咖啡浆果采摘后必须尽快加工，以便剥出绿色咖啡原豆。剥开后的咖啡豆有一层叫作“银皮”的薄膜包裹着，咖啡豆与浆果肉之间还有一层隔膜。最外面就是咖啡浆果的表皮（图2-15）。咖啡豆在加工前必须将这几层包裹物去除，但要确保咖啡豆完好无损。这只有通过两种工艺才能实现，即：干加工法（dry process），也叫天然加工法；另一种就是湿加工法（wet process）。湿加工的咖啡

图2-14　洪都拉斯咖农在手工采摘咖啡豆

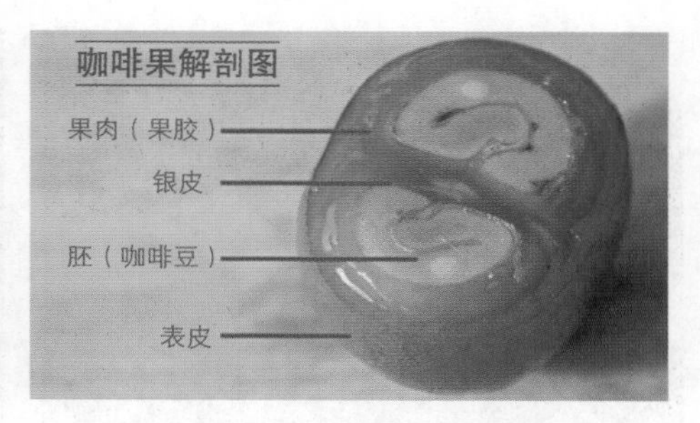

图2-15　咖啡浆果横切面示意图

图2-16　巴西咖啡浆果晒场如同机场跑道一样壮观

趋于风味统一，而干加工法生产的咖啡因其甜味而著称。

干加工法常见于巴西以及非洲的干旱地区。由于咖啡豆会重复吸收浆果肉里的糖分和水果香味，因而能够增添咖啡的微妙之处。所谓干加工法，就是将咖啡浆果放在太阳下晒干（图2-16），当咖啡浆果的表皮和浆果肉完全干燥后，就变成了所谓的“核果”（drupe）。这些核果需要放入机械去壳机中将表皮、浆果干

图2-17　在水箱内对浆果进行清洗分拣

图2-18　浆果剥肉机

肉以及隔膜分别剥离，最后得到的就是咖啡豆。剥离出来的咖啡豆仍然有一层银皮包裹着。这层银皮有时候直接保留着，有时候在装运前被清除掉。

湿加工法常见于印度以及非洲地区水资源丰富的国家。湿加工法的好处在于其品质的统一性，因为咖啡加工的每一个环节都可以进行人为控制。湿加工法不利的一面就是要消耗大量的水资源。通过湿加工法生产出的咖啡豆也叫做“水洗咖啡豆”（Washed coffee）。有人认为，湿加工法能够生产出优质的咖啡豆，但是所花费的时间和人工成本更高。

为了避免咖啡走味（off-flavor），咖啡浆果必须在采摘后18小时以内进行加工。首先，将咖啡浆果倒入水箱，熟透了的咖啡浆果就会浮在水面（图2-17），这样分离起来十分方便。而沉在箱底的成熟咖啡浆果就可以放入剥肉机中（图2-18），让机器轻轻地将咖啡豆与咖啡浆果肉剥离。该工序完成后，咖啡豆要经过新一轮在水槽里的深度分拣和清洗；同样，沉到水槽底部的便是最好的咖啡豆。

清洗工序结束后，浆果肉基本被去掉，但是咖啡豆的隔膜之外仍然残留有少量浆果肉，叫作“黏胶”（mucilage）。这个时候，咖啡豆就需要通过在水中发酵来达到去除黏胶的目的。发酵的时间必须严格把握，如果发酵时间太长，咖啡的风味会受到影响。发酵完成后，咖啡豆必须进行干燥，如果是在现代化的加工场，咖啡豆是采用大型的干燥机进行烘干；否则，就需要在阳光下人工晾晒。干燥过的咖啡豆一般需要放置30天后才能放入机器中去除隔膜的硬皮，并且在不损伤咖啡豆的前提下将其剥出。

任务3 咖啡因脱除工序

出于健康考虑，越来越多的消费者开始饮用咖啡因含量较低的咖啡，这种咖啡也叫低因咖啡（Decaffeinated coffee）。如果需要进行咖啡因脱除处理，就必须在咖啡豆加工工序完成后脱除其咖啡因。所谓低因咖啡，是指咖啡中97%的咖啡因已经被脱除掉。由于咖啡因易溶于水，因此，通过高温和水便可将咖啡因脱除，随后便是将咖啡因与其他所有的溶解物分离。从咖啡豆中提取咖啡因的方法有以下三种。

1．二氧化碳处理法或喷水处理法

在这一处理法中，经过高压和高温压缩的二氧化碳至关重要。通过将二氧化碳加入到咖啡豆中，使其与咖啡因结合，二氧化碳与咖啡因的结合是通过使用活性炭来完成的。而在喷水处理法中，二氧化碳是通过与水混合，将咖啡因过滤出来。

2．水溶处理法

水溶处理法是采用未饱和的水作为溶剂将咖啡因脱除。首先，将一批咖啡豆浸入水中，以便咖啡中所有的风味成分在水中被溶解，水中的咖啡因用活性炭即可脱除。然后将第一批咖啡豆转移出，剩下的水继续用于浸泡下一批未被处理过的咖啡豆。由于水中的可溶性复合成分（咖啡因除外）已经十分饱和，因此只有咖啡豆中的咖啡因才会溶解，使得咖啡的风味不会受到影响。不过由于水被反复使用，某些风味可能会在批次之间相互混合。

3．溶剂处理法

溶剂处理法也叫欧式处理法。所谓溶剂就是能够溶解其他成分的化合物。尽管水和二氧化碳也可以用作溶剂，但是这里所说的溶剂主要是指某一类型的化学溶剂——二氯甲烷或者乙酸乙酯，这些溶剂都可以用来直接或间接地脱除咖啡因。在间接溶剂处理中，先用热水浸泡咖啡豆，这样就能够脱除几乎所有的可溶性成分，包括咖啡因。随后，浸泡过咖啡豆的水滤出后与溶剂进行混合，溶剂即可与水中的咖啡因结合。由于这种溶剂与咖啡因混合物的密度比水低，所以会漂浮在水的表面，这样便于脱除。

在直接溶剂处理中，咖啡豆先要进行蒸煮，蒸过的咖啡豆会膨胀，因此能够打开毛孔并在不影响咖啡豆风味的同时融化蜡质外层。咖啡豆在一个高压的环境下要与溶剂接触一段时间，在这个过程中，溶剂与咖啡因分子结合，咖啡豆经过蒸汽处理时会使含有咖啡因的溶剂被蒸发出来。经过直接溶剂处理的咖啡豆会有一种甜蜜的味道。因此，直接溶剂处理被认为是对咖啡的口感破坏最小的。

任务4 咖啡的烘焙

咖啡豆烘焙的目的很简单：通过将热量传递到咖啡豆引发一系列的化学反应后形成可以消费的成品。不过，咖啡豆烘焙方法上的差异会极大地影响到咖啡的口感。如果烘焙的时间不够或温度太低，咖啡豆的香味就会丧失；如果烘焙的时间太长或温度太高，咖啡豆的外部又会被烤焦。

咖啡的烘焙方法之一就是滚筒式烘焙（Drum roasting）。所谓滚筒式烘焙（图2-19，图2-20）是指咖啡豆在旋转的滚筒中完成烘焙。当烘焙温度达到预设值时，即可将咖啡豆倒入冷却容器，以便终止烘焙过程以及随之产生的化学变化。

在烘焙的第一阶段，咖啡豆要被加热至100℃，使其颜色从亮绿色变成浅黄色，随着咖啡豆的温度上升至190℃，它们便进入到第一波开裂阶段。发出的啪啪声就意味着咖啡体内的水分正在分离，而且咖啡豆的结构也正在被破坏。在烘

图2-19 大型电动滚筒式烘焙机

图2-20 手动滚筒式烘焙机

焙的过程中，咖啡豆至少要产生800多个细微的化学变化。

在下一个阶段，咖啡豆的体积比原始体积膨胀了140%~160%。随着咖啡豆本身的糖分开始焦化，咖啡豆原有的青草香味就变成了焦糖的味道。咖啡豆的颜色也开始变成淡棕色。在这之后，就有一个安静的时段，咖啡豆的炸裂声停止，但是化学反应仍在继续进行，咖啡豆的水分也已经被脱除。进入第二波炸裂阶段，咖啡豆开始炭化，已经变成棕色的咖啡豆有了明显的黄糖特征。

在烘焙的最后阶段，咖啡豆中的水分被全部挥发掉，其体内的气体膨胀会产生一种近乎爆炸般的压力。烘焙时间较短的咖啡豆的颜色范围会从肉桂色到淡巧克力色渐变。这种烘焙时间短的咖啡豆较之于烘焙时间长的深色咖啡豆有一种更浓烈、更带酸性的味道。深色咖啡豆的口味更接近苦甜感，颜色也从中度巧克力棕色到近乎油黑色渐变。随着烘焙的颜色变深，咖啡豆的酸度也会成比例地减少。咖啡豆的颜色越深，味道也会越苦。

一般而言，咖啡豆在烘焙之后的三到四天里味道是最好的。如果烘焙好的咖啡豆在10天之内不用的话，就应该用密封玻璃瓶装起来冷藏。咖啡豆一旦研磨成粉末状，其细胞结构就会被破坏掉，所有的绵香会迅速释放到空气中，永久消失。因此，从冰箱的冷藏室拿出的咖啡豆应该尽快研磨成粉，而且不要重新放回去。因为将咖啡豆重新冷冻会使咖啡豆表面增加湿度，进而影响到咖啡的口感。

任务5 咖啡风味术语

咖啡风味术语可以分为与烘焙相关的描述以及与咖啡品种相关的描述。与烘焙相关的描述指的是由于烘焙加工使咖啡豆形成的某些特点。与品种相关的术语则是指咖啡豆本身具有或者是指通过烘焙前的加工工序使绿色咖啡豆中形成的特有风味。

- 酸性（Acidity）

酸性，与咖啡的烘焙和品种有关。该术语类似葡萄酒的酸性描述，不是指酸的含量。一般而言，商家都会避免使用这一术语，主要是为了避免混淆。酸性更大程度上是一种感觉而不是一种味觉，主要由舌尖感受到。在烘焙过程中，酸性与厚重感以及苦甜度的变化关系是相反的。随着咖啡豆烘焙程度提高，酸味就会降低。而没有酸性的咖啡喝起来会口味平淡，缺少一种令人愉悦的清洁味蕾的东西。如同柑橘一样，当酸性特别明显时，会有一种收敛的感觉，就像口腔中的水分被抽干了一样。

- 绵香（Aroma）

绵香，与咖啡的烘焙和品种有关。我们的味觉概念大多来自味感。因此，从煮制过的咖啡中释放出的多种绵香在咖啡的口味中起着主导作用。绵香味在烘焙的过程中就会产生。

- 烘焙过度（Baked or bready）

烘焙过度是与烘焙有关的术语。烘焙过度的咖啡味道平淡，几乎没有什么香味。其主要原因是在高温下烘焙时间过长。

- 平衡（Balance）

平衡，与烘焙和品种有关。指咖啡中多种口味特点的完美结合，不会出现某一种风味独领风骚。

- 味体（Body）

味体，与烘焙和品种有关。味体是一种质地品质，指咖啡留在舌头上的黏稠感和饱和感。一位烘焙师曾经把感受咖啡的味体比作是让舌头成为天平。味体是随着烘焙的程度不同而形成的。过度烘焙咖啡的味体会急剧消失，浓缩程度不高的咖啡的味体相对较轻。

- 苦味（Bitter）

苦味，与烘焙和调制有关。咖啡的苦味并非总是坏事，当苦味达到一定程度时，咖啡的口感会更好。一般而言，鲁巴斯塔咖啡比阿拉比卡咖啡会更苦些，但是某些温和的咖啡如果烘焙过度，或者煮制过度时也会有明显的苦味。

- 苦甜味（Bitter sweet）

苦甜味，与烘焙相关。通常被错误地冠以“浓烈”的特点，所谓苦甜味是糖分在咖啡豆中被焦糖化而形成的。咖啡豆烘焙的时间越长，焦糖化程度就越高，直到最后咖啡中的糖分被完全燃烧掉，此时的咖啡闻起来如同木炭一般。

- 煳味（Burnt）

烘焙十分温和的咖啡与牛奶、糖在一起时会很融洽。然而烘焙过度的咖啡就像木炭一样味道平淡，有明显的煳味。

• 清爽（Clean）

口味清爽的咖啡几乎没有什么缺点或者令人不悦的其他味道。

• 综合性（Complexity）

综合性是指杯中的咖啡拥有的多种要素——香味、质地以及口味一下子就能感受到。由于很难在单一来源的咖啡中发现所有受人欢迎的要素，烘焙师往往会烘焙出不同的咖啡，以获得风格各异的咖啡。

• 泥土味或者天然味道（Earthy/Natural）

在一定的范围内，这种味道可能还是不错的。然而更多情况下这会是一个缺点。也就是说在煮制的咖啡中有一种类似刚翻过的泥土一样的味道，这主要是与加工不当有关。也可能是咖啡豆在晾晒的过程中吸收了泥土的味道。

• 口味平淡（Flat）

缺乏口感或者绵香味，酸味不明显。往往是由于咖啡走了味的结果。

• 青草味（Grassy）

青草味，与加工工序有关。有一种干草味，或者刚刚修剪过的草坪的味道。这可能是由于咖啡豆在采收时未完全成熟。

• 霉味（Musty）

有明显的霉味，往往是因储存不当造成的。不正确的老陈方式也会产生霉味。相反，正确的老陈方法可以给咖啡增添令人愉悦的风味。

• 酸味（Sour）

类似被醋接触过的酸味。这种味道主要是因为咖啡加工过程中没有清洗，当然更常见的原因还是咖啡烘焙时间不够。即使是咖啡烘焙没有问题，但是煮制咖啡的水温太低也会使咖啡产生酸味。

任务6　咖啡烘焙风味名称

目前，咖啡烘焙的描述并不统一。可能某个烘焙师的产品是通用型的咖啡，而到了另一烘焙师那里则会成为意式特浓咖啡。近年来，区域差异也越来越模

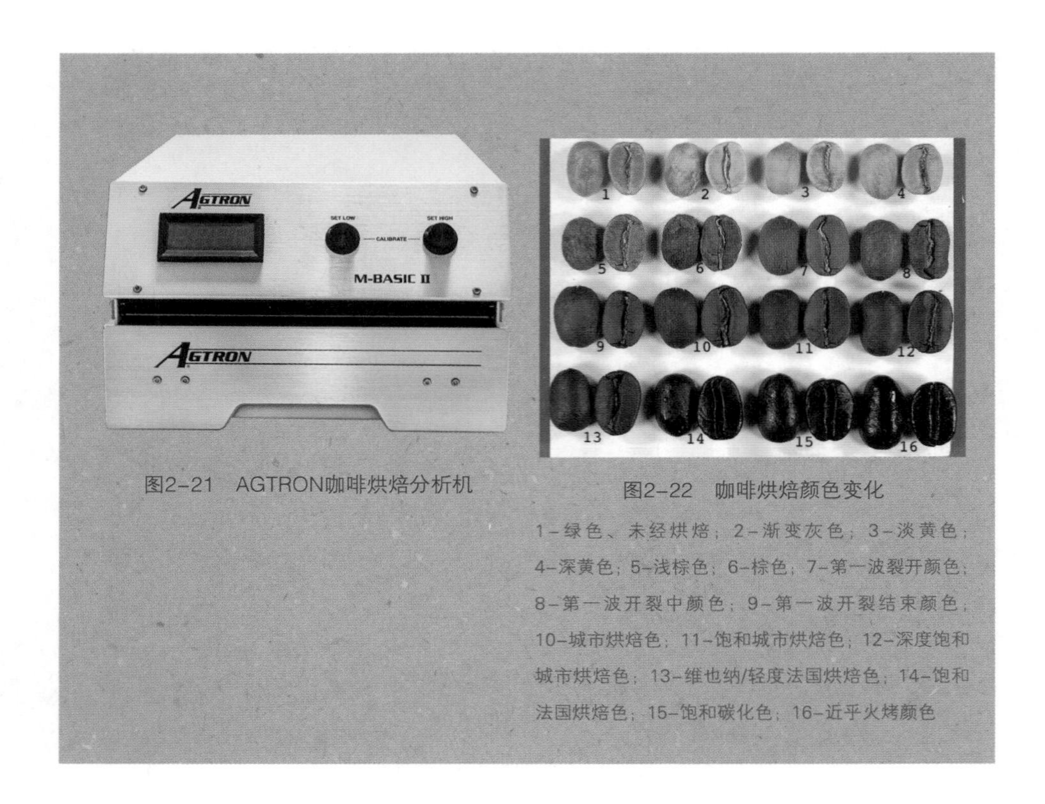

图2-21　AGTRON咖啡烘焙分析机

图2-22　咖啡烘焙颜色变化

1-绿色、未经烘焙；2-渐变灰色；3-淡黄色；4-深黄色；5-浅棕色；6-棕色；7-第一波裂开颜色；8-第一波开裂中颜色；9-第一波开裂结束颜色；10-城市烘焙色；11-饱和城市烘焙色；12-深度饱和城市烘焙色；13-维也纳/轻度法国烘焙色；14-饱和法国烘焙色；15-饱和碳化色；16-近乎火烤颜色

糊。为了便于商业参考，SCAA（Specialty Coffee Association of America，即：美国特种咖啡协会）已经建立了一个客观的参考体系，称为AGTRON美味级别，从95号（颜色最淡）到25号（颜色最深）。如果将烘焙过的咖啡样本用光照射，可以测量到某些近红外波长的反射，并确定咖啡的热吸收值。进行这种测量的设备（图2-21）非常昂贵，因此一种替代方法就是用一系列颜色级别（图2-22）来描述烘焙及研磨过的咖啡。

- 淡肉桂风味（Light cinnamon）

淡肉桂风味呈现淡黄褐色，干，有不宜人的酸味，较少或几乎没有味体。有谷物的口感。

- 肉桂风味（Cinnamon）

肉桂风味比淡肉桂的颜色略深，在口感和质感上也略有区别。

- 清淡或者新英格兰风味（Light/New England）

此风味呈现淡棕色，酸味减弱，谷物口感也消失了。新英格兰名称源自最早使用的美国东部新英格兰地区的廉价咖啡。

- 美洲风味（American）

美洲风味从淡棕色到中棕色。曾经是美国烘焙咖啡的主打品种。

- 维也纳风味或饱和城市色（Viennese/full city）

此风味呈现中棕色，是美国西北地区的主打烘焙咖啡。味体、风味以及香味方面相当平衡。

- 意式浓缩咖啡风味（Espresso）

意式浓缩咖啡风味从中棕色到深棕色，表面有油滴，较甜。碳化糖使咖啡呈现焦糖风味，味体超过了酸性。

- 法国风味（French）

法国风味表面为深棕色，且有一层淡淡的油脂，有明显的煳味，酸性较低。

- 意大利或者深色法国风味（Italian /dark French）

这种风味几乎为黑色，表面油脂较多。煳味明显，几乎品不出酸性和味体。

- 西班牙风味（Spanish）

西班牙风味呈黑色，非常油腻，浓厚的木炭味。

任务7 咖啡豆大小分类

咖啡豆通常按照筛孔尺寸（图2-23）进行分类（表2-1）。筛孔是以1/64英寸为基础，因此15号咖啡豆就是15/64英寸。这种分类有助于统一咖啡豆的大小，从而使咖啡的烘焙更加均衡。一些烘焙师认为，咖啡豆颗粒越大，口感就会越好。当然这并不是一个统一的规律，尤其是将不同的咖啡品种进行比较时，因为有许多颗粒小的咖啡品种比某些大颗粒咖啡品种的口感更加醇厚。

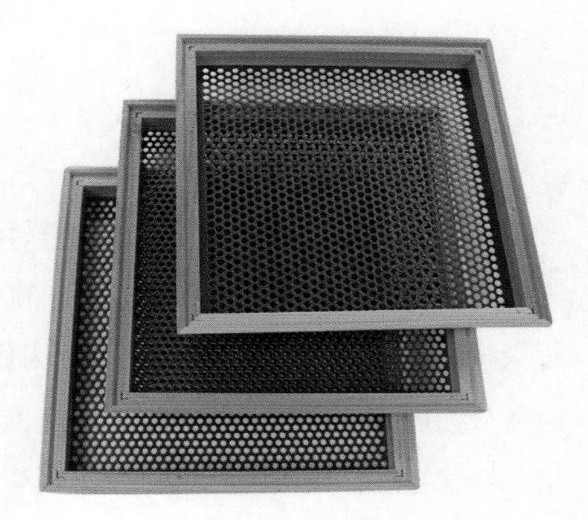

图2-23 金属孔咖啡筛

表2-1 咖啡豆大小分级表

<table>
<tr><th>1/64英寸</th><th>mm
毫米</th><th>Classification
分级</th><th>Central America and Mexico
中美洲及墨西哥</th><th>Colombia
哥伦比亚</th><th>Africa and India
非洲及印度</th></tr>
<tr><td>20</td><td>8</td><td rowspan="3">超大
Very Large</td><td rowspan="6">超级
Superior</td><td rowspan="6">高级
Supremo</td><td rowspan="5">AA级</td></tr>
<tr><td>19.5</td><td>7.75</td></tr>
<tr><td>19</td><td>7.5</td></tr>
<tr><td>18.5</td><td>7.25</td><td rowspan="3">大
Large</td></tr>
<tr><td>18</td><td>7</td></tr>
<tr><td>17</td><td>6.75</td><td>A级</td></tr>
<tr><td>16</td><td>6.5</td><td rowspan="2">中
Medium</td><td rowspan="2">第二级
Segundas</td><td rowspan="2">优级
Excelso</td><td rowspan="2">B级</td></tr>
<tr><td>15</td><td>6</td></tr>
<tr><td>14</td><td>5.5</td><td>小
Small</td><td>第三级
Terceras</td><td></td><td>C级</td></tr>
<tr><td>13</td><td>5.25</td><td rowspan="6">小壳
Shells</td><td rowspan="2">Caracol</td><td rowspan="6"></td><td rowspan="6">PB级</td></tr>
<tr><td>12</td><td>5</td></tr>
<tr><td>11</td><td>4.5</td><td rowspan="2">Caracolli</td></tr>
<tr><td>10</td><td>4</td></tr>
<tr><td>9</td><td>3.5</td><td rowspan="2">Caracolillo</td></tr>
<tr><td>8</td><td>3</td></tr>
</table>

除了筛孔大小分类外，还有区域分类（在每个系列中从最小的地区到最大的地区）。比如：中美洲和墨西哥地区分为第三级（Terceras）、第二级（Segundas）、超级（Superior）；哥伦比亚地区分为优质Excelso或者高级Supremo；非洲和印度地区分为PB级、C级、B级到AA级；柯纳地区分为一号 No1、高级（Fancy）以及超高级（Extra Fancy）。咖啡豆的颗粒大小分类主要用于出口贸易目的，最低级别的咖啡豆一般不适于出口。

【在下面空白处写下你学习本专题时的实践记录和体会】

项目三

常见咖啡品种

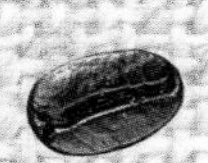

学习目标

通过本项目的学习，能够认识和了解几种不同的咖啡品种。

学习注释

■ 学习内容

任务1 牙买加蓝山咖啡（Jamaica Blue Mountain Coffee）

牙买加蓝山咖啡特指牙买加蓝山地区所出产的咖啡。海拔2256米高的蓝山山峰是牙买加的最高点。而只有这里的几个咖啡种植园出产的咖啡才有资格叫做蓝山咖啡（图3–1）。蓝山咖啡的销售、烘焙以及出口均受牙买加政府及牙买加咖啡产业委员会的严格控制。

牙买加蓝山咖啡（简称为：JBM）往往十分昂贵，国际上每磅（约0.45千克）价格大约30美元甚至更高。一些专业烘焙人士则认为，如今的牙买加蓝山咖啡虽然名声在外，但是其口感已经远不如20世纪60年代或者70年代时地道。而且，市场上有相当数量的假冒牙买加蓝山咖啡，因为每年在世界各地销售的蓝山咖啡总量远远超过了其实际产量。当然，这些销售的咖啡中有的并非真正的冒牌，有些只是误导而已。可能有些咖啡标明的是“牙买加蓝山咖啡风味”或者“混合型牙买加蓝山咖啡”，前者可能完全不含真正的蓝山咖啡成分，而后者只需要含5%的正宗蓝山咖啡就可以叫做“混合型牙买加蓝山咖啡”。也有一种牙买加高山咖啡，这种咖啡是指在不能冠以牙买加蓝山咖啡（JBM）标签的地区种植的咖啡。牙买加高山咖啡可能质量也很高，但它们与真正的牙买加蓝山咖啡的价格是难以相比的。

图3–1　蓝山咖啡特有的包装及标识

任务2 柯纳咖啡（Kona coffee）

夏威夷是美国唯一一个种植咖啡的州。与牙买加蓝山咖啡相比，柯纳咖啡较低的价格使得其质量广受争议。

柯纳位于夏威夷群岛的西岸，南北绵延约33千米，东西长约3.2千米，分为南北柯纳两个区。按照美国联邦政府和夏威夷州政府的相关规定以及联邦商标法，只有在这个地带种植的咖啡才能被称为柯纳咖啡（图3-2）。柯纳地带在整个夏威夷岛上3076公顷的咖啡种植面积中所占面积不到一半，其他大约1660公顷的咖啡种植主要集中在考伊岛（Kauai）上。柯纳是夏威夷群岛连续种植咖啡最悠久的地区，其他地区只是在20世纪80年代才开始种植咖啡。

柯纳咖啡自1829年开始种植以来，一直兴旺不衰。许多咖啡树都有100多年的历史。在近700个咖啡种植园中，多数种植园的面积不到1.7公顷。由于种植柯纳咖啡的岛屿与外界的隔离以及夏威夷州严格的农产品进口管制，在咖啡的种植过程中基本不需要采取虫害控制。因此，也不需要使用杀虫剂，即使使用也是违法的。由于生长季节多雨、收摘季节凉爽干燥，这个地区尤其适合咖啡的生长。

同混合型牙买加蓝山咖啡一样，混合型的柯纳咖啡中，柯纳咖啡的含量也很少。在夏威夷州，标注为“柯纳混合咖啡”的浓咖啡只要含有10%的纯正柯纳咖啡就是合法的。1996年的柯纳咖啡丑闻就是一个典型的欺诈案例。当时，哥斯达黎加和危地马拉产的咖啡被重新贴牌后以柯纳咖啡的名义销售，这样就影响了拥有“100%柯纳咖啡证书”以及“柯纳咖啡理事会”标签的柯纳咖啡销售（图3-3）。

图3-2　柯纳咖啡外观

图3-3　柯纳咖啡理事会“100%夏威夷柯纳咖啡”认证标签

所有批量销售的未经烘焙的咖啡都在包装袋上有夏威夷州认证的标签，消费者虽然并不能经常见到这些标签，但是可以要求烘焙商出示这种标签。并不是所有的柯纳咖啡种植户会花钱取得认证，因为销售烘焙咖啡豆或者少量未经烘焙的咖啡豆并非需要认证，所以合法种植的柯纳咖啡可以不用附上特别的标签。

任务3 摩卡爪哇咖啡（Mocha-Java）

摩卡是也门共和国的一个港口，靠近红海的南端。爪哇则是印度尼西亚的一个岛屿。在早期的咖啡行业，摩卡一词通常是指来自摩卡港口的咖啡豆，而爪哇一词则往往指产自爪哇岛的咖啡豆。摩卡爪哇咖啡曾经是世界上最早也是最成功的两种咖啡的混合型商用咖啡。普遍认为，19世纪中晚期的烘焙商深知也门咖啡豆的某些方面能够与爪哇咖啡豆产生很融洽的效果。

遗憾的是，120多年前很成功的原创摩卡爪哇混合型咖啡到今天基本已经失去踪影。因为在19世纪末20世纪初的时候，一场咖啡烂叶病把爪哇岛上的一批古老咖啡树摧毁殆尽。尽管后来爪哇岛上重新种植了咖啡树，但是产自新树的咖啡豆永远难以与老树所产咖啡豆的风味相媲美。因此，原有的摩卡爪哇混合型咖啡也就永远消失了。今天，技艺高超的咖啡烘焙师也可以炮制出摩卡爪哇咖啡（图3-4）的味道，但是他们往往会选择那些既不是也门摩卡也不是印度尼西亚爪哇的咖啡豆。在人们并不十分清楚过去的摩卡爪哇咖啡到底是什么风味的前提下，采用非也门产以及非印度尼西亚产的咖啡豆来炮制摩卡爪哇咖啡也并非不地道。

任务4 摩卡咖啡与巧克力

据说，早期的咖啡经销商们买不到或者不愿意花钱购买正宗的摩卡咖啡。于是他们在其他咖啡豆中加入少量的巧克力，以便增强这种咖啡豆原来不是很明显的风味，然后将其作为摩卡咖啡来销售。而另一说法是，把咖啡和巧克力的混合体叫做摩卡是为了让人们回忆起这种知名的咖啡。到了后来，摩卡咖啡专指所有添加了巧克力的咖啡。

图3-4　混合风味的摩卡爪哇咖啡

任务5　速溶咖啡（Instant coffee）

速溶咖啡（图3-5，图3-6）这个名称既是指一种调制方法，也是指一种咖啡的形式。速溶咖啡是通过某种形式的蒸发环节将煮制好的咖啡脱水干燥后形成的粉末包装成即时饮用咖啡。这种咖啡首先是大量煮制，然后采用蒸发工艺将煮制

图3-5　雀巢咖啡

图3-6　麦克斯维尔公司生产的速溶咖啡

好的咖啡进行浓缩和干燥，并通过以下两种方法之一得到咖啡粉末：一种是喷雾干燥，非常细小的咖啡液体被吹入干热的空气中，使得水分被蒸发；另一种是冷冻干燥，首先将煮制好的咖啡液体进行冻结，然后将其置于真空罐里，通过升华方法将水分蒸发。当然，喷雾干燥法特别容易损失咖啡精华，而这些精华部分在蒸发过程中部分会被收集到，再重新添加到速溶咖啡粉末中。

通过干燥法得到的咖啡粉末中往往会添加各种添加剂来达到染色效果，以使其类似于磨碎的咖啡。香精也会被添加到咖啡粉末中，在容器被打开时，就可以闻到一种怡人的味道。其实，这种香味具有一定的欺骗性。因为香味并不是咖啡粉末本身所固有的，所以也不会反映在冲泡的咖啡杯中。速溶咖啡里含有大量鲁巴斯塔咖啡成分。

知识链接

— 咖啡会老陈吗？ —

未经烘焙的咖啡即使是储存方式得当，储存时间变长后也会改变其风味特点。随着咖啡酸性的减弱，口味加重，某些原有的弱点会逐渐变得不明显。这些标注为“老陈”的咖啡豆往往要在精心控制的环境条件下存放很多年，因此可能会有十分厚重的口味。不过，某些老陈的咖啡除了有年久的感觉外，风味较为平淡。

任务6　季风咖啡（Monsooned coffee）

所谓季风咖啡是指咖啡豆存放于四周通透的仓库（图3-7），与稳定、潮湿的季风接触，在数周之后，咖啡豆就会变成黄色，形成陈年咖啡的风味，但是品质上又不同于真正的陈年咖啡。目前，最常见的季风咖啡是印度产的马拉巴季风咖啡（Malabar）（图3-8）。

任务7　意式浓缩咖啡豆（Espresso beans）

意式浓缩咖啡豆尽管常被用来指一种深色、油光发亮的烘焙咖啡豆，但事实

图3-7　通透的咖啡晾干场所

图3-8　印度产马拉巴季风咖啡

图3-9　可供制作意式浓缩咖啡的咖啡豆

上，并没有“意式浓缩咖啡豆”这个品种。这一名称指的是不同咖啡品种的混合体（图3-9），两种混合咖啡不可能完全一样；混合的目的也不一样，用于与牛奶配合饮用的意式浓缩咖啡与用于直接饮用的意式浓缩咖啡在口感要素上会不尽相同。前者需要能够渗透牛奶口味。

知识链接

— 什么是白咖啡？ —

白咖啡是一种销售并不是很普遍，烘焙时间较短，颜色上为淡黄褐色的咖啡。这种白咖啡一般是预先研磨好后再出售的，因为咖啡豆几乎像石头一样硬，否则即使是高端的研磨机也会很快被磨损。白咖啡的口味与普通咖啡有很大的差别：白咖啡的口感实际上更像咖啡替代品，而不像是一种经过全面烘焙的咖啡。在煮制时，流出的液体就像鸡汤。在美国人看来，所谓的白咖啡实际上是指加入了牛奶、浓牛奶或者类似乳品的咖啡。所以白咖啡也叫淡咖啡。

【在下面空白处写下你学习本专题时的实践记录和体会】

项目四

咖啡调制的基本要求和常见工具

■ 学习目标

通过本项目的学习，你将认识和了解咖啡调制的基本要求和常见的工具，为咖啡品鉴和制作打下坚实的基础。

■ 学习注释

....

....

....

....

■ 学习内容

任务1 影响咖啡品质的总体因素

咖啡品质好坏取决于多种因素，其中咖啡豆的新鲜程度至关重要（咖啡豆的新鲜程度可以依据咖啡豆烘焙后存放的时间和咖啡豆研磨后存放的时间来判断）。很明显，高品质的咖啡豆（可以依据其品种、烘焙加工方法等来判断）自然受欢迎，但是咖啡一旦走味，再高品质的咖啡豆也是废物一堆。好的咖啡必须用干净且口感较好的水煮制。干净的设备、恰当的温度、合理的煮制时间都是调制一杯香浓美味咖啡的必备条件。

仅仅有高品质的咖啡豆还不足以制作出美味的咖啡。如果咖啡豆保管不善走了味、水质不好、煮制温度过低，又或者咖啡制作设备不干净，这就等于是在那些昂贵的咖啡豆上浪费钱。质量略差但是刚刚烘焙出来的咖啡豆，只要是在使用前现磨的，煮制出来的咖啡肯定比那些品质高但已经走了味的咖啡要好得多。

不管用什么方法煮制咖啡，其目的就是要实现咖啡的浓度和液体量之间的平衡。正如我们在后面的内容里要提到的，煮制出的咖啡中水的比重占98%，如果煮制出的咖啡中水的比重超出了合适的范围，咖啡味道不是太淡，就是太浓。最常见的原因就是水和研磨咖啡粉的比例不正确。然而，萃取的咖啡可溶物质的质量又取决于另外一个因素——液体量。如果从咖啡研磨粉中萃取的成分太少（由于研磨粉太粗或者水与咖啡接触的时间太短），那么这样得到的咖啡就会失去基本的味道成分。如果萃取的咖啡成分太多（由于咖啡研磨的太细或者咖啡与水接触的时间太长），制作出的咖啡就会有苦味。

知识链接

— 如何储存咖啡？ —

咖啡豆的储存要求很高，必须保证与空气、潮湿隔绝。最实用的储存容器应该是玻璃或者釉面陶瓷材质（图4-1），因为这类容器的优点之一就是容易清洗。如果使用的是玻璃容器，就应该将其放置于避光的位置。

不管是玻璃容器还是釉面陶瓷容器，防止空气和潮湿进入，其密封盖非常重要。另外，带有单向释放阀的塑料袋也可以用来储存咖啡，只要密封效果好就

图4-1　玻璃密封容器（左）和陶瓷密封容器（右）

行。不论使用什么样的容器，新购买的咖啡豆一般应该在咖啡豆烘焙后的一到两周内用完，不要一次买得太多且存放太久。咖啡豆之所以走味主要是咖啡豆的绵香味和易挥发的成分由于二氧化碳的消失而流失。

对于将咖啡进行冷冻储存的方式是否合理这一问题，目前还没有一个明确的定论。有人觉得冷冻会破坏咖啡固有的味道，当然也有人觉得当咖啡容器每一次被打开时，咖啡豆里的湿度会加重。所以，为了避免重复地打开冷冻储存的咖啡，可以将咖啡分装在多个容器中（尽量装满），总是保证外面有一罐使用，而不是每次使用完毕后又放入冷柜。如果当地没有专业的咖啡烘焙商，可以从供应商那里一次购买2千克，将其分装成250克一包，然后冷冻起来，需要时就拿出一包，待其恢复到室温时再打开，不要重复冷冻。值得注意的是不要将咖啡存放在冰箱的冷藏室，因为这里面潮湿、气味复杂。

任务2　煮制咖啡的水温要求

煮制咖啡的水温非常重要，因为水温会影响到咖啡液体的风味、浓度以及咖啡机的流速。煮制咖啡理想的水温也是由多种因素决定的，其中包括所采用的咖啡、咖啡机的流速，最重要的还是个人的口感习惯。一般而言，专业咖啡师更倾

图4-2 电子式温度计

向于水温在85～95℃，也就是华氏185～204℉（图4-2）。

美国特种咖啡协会（Specialty Coffee Association of America，SCAA）规定：煮制咖啡的水温应该在92～96℃（195～205℉）。不能先将水煮沸然后再将其降至合适的温度，因为沸腾的热水会损失掉溶解的水汽，喝起来索然无味。如果水太凉，煮制出的咖啡就有酸味，而且萃取也不彻底。咖啡煮制其间的温度变化范围只有几摄氏度，否则咖啡萃取的时间会不充分。设备本身吸热也会导致水温不够。因此，提前预热设备或者确保设备有良好的保温效果都可以较好地解决煮制时水温不够的问题。

任务3 煮制咖啡的水质要求

由于煮制出的咖啡中水分占98%，因此水的质量在很大程度上会影响到咖啡的口感。煮制咖啡时，只能使用口感好而且能直接饮用的水源。因此，最好的咖啡应该用过滤过的自来水或者瓶装水（图4-3）煮制。千万不要把蒸馏水当成过

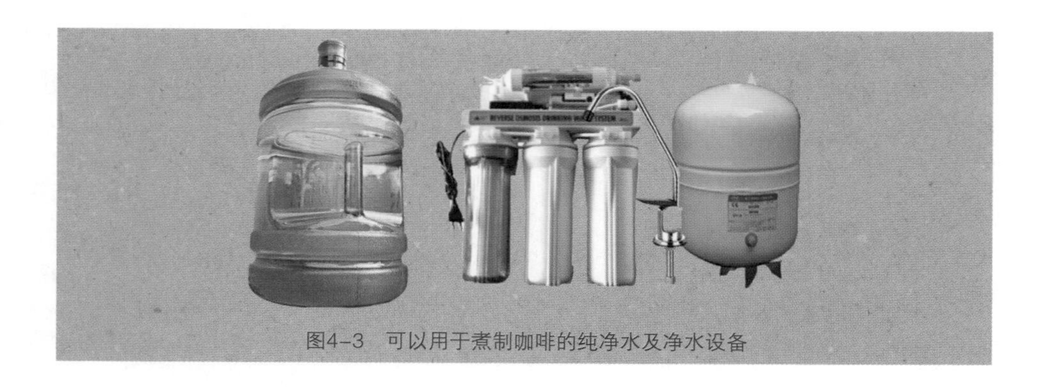

图4-3 可以用于煮制咖啡的纯净水及净水设备

滤水。蒸馏水损失了可以增强水的口感的矿物质，而且煮制咖啡的水源必须是新鲜的冷水。如果水的存放时间太长或者是先加热后冷却的水，就会缺乏一些对于水的口感十分重要的成分。

任务4 研磨咖啡粉的用量

一标准杯咖啡的用水量为177毫升（6盎司）。美国特种咖啡协会要求每177毫升水量所需的标准咖啡粉量应该是10克。由于研磨过的咖啡粉会吸收少量水，因此煮制出的一杯咖啡大约为148毫升（5盎司）。

在欧洲，咖啡与水的比例是一样的，即每126毫升（4.25盎司）水配7克咖啡粉。如果按照177毫升水配10克咖啡粉煮制的咖啡味道太浓，可以适当减少咖啡的用量。

任务5 正确的咖啡萃取时间

按照通常规律，咖啡的萃取时间与咖啡研磨粉的粗细有直接的联系。即咖啡的粉粒越细，咖啡液体萃取的时间就越短。法式压泡咖啡（French press coffee）通常萃取的时间最长，咖啡与水的接触长达4分钟。因此，法式压泡咖啡所采用的咖啡粉粒是最粗的。如果在这一煮制方法中使用精细咖啡粉，咖啡在杯中浸泡的时间就应该缩短。而意式浓缩咖啡与水的接触时间最短，大约只需25秒钟，因为其咖啡粉粒是最细的。

咖啡煮制时，影响咖啡风味的咖啡因首先被萃取出来。如果咖啡由于粉粒较粗而与水接触的时间过长，咖啡中一些其他的成分就开始释放，导致咖啡喝起来有苦味。同样，如果咖啡粉粒大小与煮制的时间不匹配，萃取的有益成分太少，又会使咖啡缺乏风味，趋于平淡。

任务6　咖啡调制配套工具

美味的咖啡不仅需要优质的煮制设备，还要有高质量的配套工具。只有工具齐全，做事效率才会提高。

1. 咖啡研磨机（Coffee grinders）

自己动手研磨咖啡粉是品鉴优质咖啡的最佳步骤之一。由于咖啡豆只有经过研磨后才能释放其固有的风味，再加上现磨现煮的咖啡口感又最为地道，因此咖啡研磨机是咖啡品鉴所不可缺少的重要工具之一。咖啡在研磨之后会迅速走味。因此，需要多少咖啡就从当地的咖啡经销商家购买多少新鲜的咖啡豆，并让其帮忙在店内研磨好，这样就不需要为采购新鲜烘焙的咖啡而费心。

最常见的咖啡研磨机外观上就像一个小型的搅拌机。它们通过2片或者多片锋利的刀片在飞速旋转时将咖啡豆打碎。其他较为常见的则是石磨式研磨机：放在机器顶部漏斗里的咖啡豆进入两片金属磨圈中间，被磨成粉末之后就会落到下面的盛粉容器里。两片金属圈中有一片是固定的，另一片则可以旋转。从上片磨圈中央的孔洞里进入的咖啡豆在被挤出的过程中就被磨圈的磨齿磨碎。磨刀需要经常清洗和更换以保持其锋利。如果磨刀的锋利程度不足以削掉指甲，这就说明不能够均衡地破碎咖啡豆。钝口的磨刀会把咖啡豆破碎成不规则的颗粒，煮出的咖啡品质也不稳定。

咖啡研磨机既有手动的，也有电动的（图4-4）。手摇式的咖啡研磨机与面粉磨类似。当然，家用面粉磨是磨不出好咖啡的，而且容易被咖啡油堵塞。所以，最好不要用家用面粉磨来研磨咖啡。

咖啡研磨机往往会因品牌和类型不同而在外形和内部结构上有所差异。普通煮制咖啡所用的研磨机与意式浓缩咖啡所用的研磨机也有一些差别。

（1）刀片式研磨机　刀片式研磨机难以研磨出统一规格的咖啡粉粒，因此用刀片式研磨机磨出的每一批咖啡粉粒的大小都有差别。这样会使咖啡精华的萃取不均匀，大粉粒咖啡萃取不够（煮出的咖啡像水一样），小粉粒咖啡又萃取过度（煮出的咖啡带苦味）。部分原因是使用刀片研磨机时无法准确地控制被研磨的东西：一粒或者多粒咖啡豆被切碎，而有些咖啡豆的碎片则从刀片（图4-5）间溜走了。这个问题可以通过在研磨机工作时轻轻摇动而得到解决。

（2）平板石磨式研磨机与圆锥形石磨式研磨机　石磨式研磨机顾名思义就是

图4-4 电动研磨机

图4-5 研磨刀片

图4-6 平板式研磨刀具

图4-7 圆锥形研磨刀具

研磨刀具可以像石磨一样将咖啡豆磨成粉末。有以下两种石磨式研磨机。

- 平板式研磨机，就像两只码在一起的餐盘（图4-6）。
- 圆锥形研磨机，就像套在一起的两只玻璃杯（图4-7）。

不管是哪一种研磨机，其正面都有切削刀锋。与平面相比，圆锥面的研磨接触面会更大。可以想象一个锥形研磨机的切削面是直角三角形的斜边，角度朝下。而平板式研磨机的切削面则是同样的三角形的水平轴。斜边与水平轴的角度越大，斜边就会越长。因此，锥形研磨机所需的旋转速度就会低些，因为咖啡豆在机器内与磨刀的接触面会更大。

选择研磨机时，需要考察其噪声大小。有些机器的声音很小，有的则像户外的园艺剪草机。有些机器容易出现静电问题，这就会导致研磨粉到处飞，尤其是在湿度较低的时候。某些机器的研磨舱和粉舱之间的通道相对较长，而这种狭长的通道容易堵塞。有些研磨机本身就配有填装舱，使得意式浓缩咖啡机的过滤碗填装咖啡粉更为方便（图4-8）。有的人喜欢这种填装舱，有的人却特别不喜欢。因为如果研磨的咖啡粉不是为意式浓缩咖啡机准备的话，这种填装舱就显得多余了。

有些研磨机是采用蚕式齿轮（图4-9）来改变咖啡粉的粗细，其他一些研磨机只需转动研磨机顶部的咖啡豆漏斗就可以将磨刀拧紧或者拧松。蚕式齿轮的调节性较强，但在具体的设置之间不断地来回变换就比较麻烦。

（3）手动研磨机　手动研磨机（图4-10）就是不带电动马达的磨刀式研磨机。一些优质的手动研磨机也能够研磨出高品质的咖啡粉，而他们的缺点就是费力，研磨一罐咖啡粉需要花较多的时间和精力，咖啡粉粒越精细，所花的研磨时间也就越多。

（4）研磨机的日常维护　要想磨出好的咖啡，还需要保持研磨机的清洁。因此，日常使用过程中一定要按照下面的要求保持研磨机的清洁，确保其工作正常。

使用装有磁铁的漏斗时，确保漏斗始终有盖子盖着，以防止杂物进入研磨机。在收获和加工过程中混入咖啡豆中的金属和石子会给研磨机造成极大的伤害。因此，在使用研磨机时务必小心。同时，在研磨过程中千万不要将手伸进漏斗或者磨刀中间去清除某个物品。每次研磨时都要把研磨舱里的残留咖啡粉全部清空，以免走味的咖啡影响到下一杯咖啡的出品质量。

在营业场所，每天晚上都要对研磨机进行清洗，彻底清空研磨舱。具体做法是：先关闭漏斗的出料口，将磨刀中间的残余咖啡豆进行研磨。彻底清空研磨舱，用圆刷将残留的咖啡粉全部清理出来，再用湿布将研磨机的外壳擦拭干净。

知识链接

— 为何有人在咖啡研磨粉中加入鸡蛋壳？ —

关于在咖啡研磨粉中加入鸡蛋壳的做法有两种解释。其中之一就是鸡蛋壳通过吸附浮尘状的咖啡研磨粉并使其落到底部，有助于清洁咖啡。还有一种说法是，在咖啡粉中加入鸡蛋壳可以降低咖啡的苦味。

传统的做法是采用清洗过的鸡蛋壳。通过清洗，可以基本上清除附着在鸡蛋壳上的含有活性成分的鸡蛋白和鸡蛋黄的某些成分。通过在咖啡粉中加入鸡蛋壳唯一可能的效果可能就是为了提高咖啡本身相对中性的pH。

图4-8 意式咖啡研磨机

图4-9 咖啡研磨机工作原理示意图

图4-10 两款经典的手动研磨机

2．咖啡服务用品

咖啡杯（Cup）、咖啡匙（Spoon）、咖啡碟（Plate）、搅棒（Stirrer）、牛奶盅（Creamer）以及其他用品都是咖啡品鉴场所不可或缺的。这些用品在造型、品质和价格上各有差异，如何选用完全取决于个人及经营者的习惯和审美情趣。但是在选择和使用这些用品时必须注意：

有刻度的量杯主要用于度量风味糖浆和检查意式浓缩咖啡的分量。量勺则可以使调味粉的剂量统一。盛装鲜奶的牛奶盅要求比较厚实，而且隔热，以便奶液保持在低温状态。但如果奶盅里的奶液温度超过了45℃，就不能再使用了。如果奶液的温度实在难以保持在低温状态，可以往奶液里加冰块或者是可以反复使用的冰块包。至于咖啡匙、搅棒以及咖啡碟在款式上虽有些区别，但只要够用、干净就行。

3. 布片（Rags）

足够数量的干净吸水布片（图4-11）在咖啡调制现场的作用十分重要。应该始终保持3块不同颜色的布片在现场：1块干布片（擦意式蒸汽咖啡机的咖啡滤碗）、1块湿布片（清洁意式蒸汽咖啡机的蒸汽嘴），以及1块抹布片（擦拭吧台台面）。每块布片都应该有指定的存放位置，不要交叉放置。功能不分地使用这些布片会使咖啡被污染或者串味。布片一旦用脏，应该立即换掉，以确保咖啡调制现场干净整洁。

4. 意式蒸汽咖啡机压锤（Tamper）

意式蒸汽咖啡机压锤的形状、大小以及材料各不相同（图4-12～图4-14）。好的压锤应该用起来顺手，尺寸上与咖啡滤碗（Portafilter）完美吻合。尽量不要配备廉价的铝质或者塑料压锤，因为这类材质的压锤都不耐用。

压锤不用时应该从研磨机的搁叉上移走。若要清除压锤上的咖啡油脂或者残留的咖啡粉，只需用一块干布或者蘸有少量热水的布片擦拭即可。

5. 意式蒸汽咖啡机粉渣盒（Knockbox）

意式蒸汽咖啡机粉渣盒是供磕放咖啡滤碗中用过的咖啡粉渣的金属容器（图4-15、图4-16）。在位于盒口中央套有橡皮的横棒可以保证咖啡滤碗在磕倒咖啡

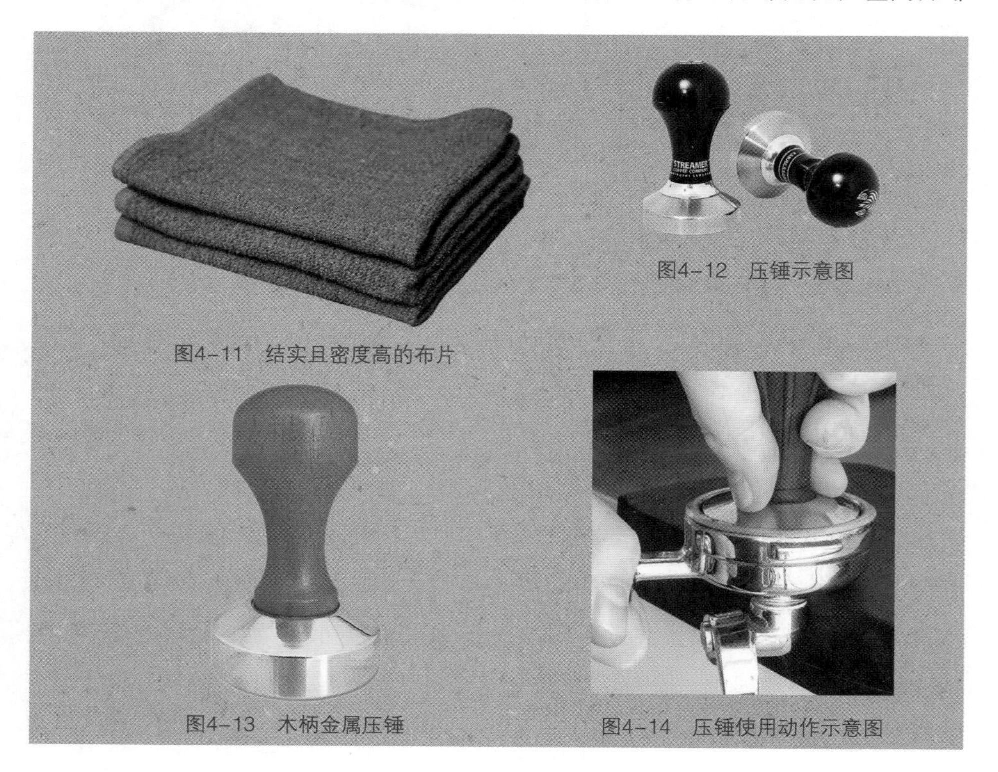

图4-11 结实且密度高的布片

图4-12 压锤示意图

图4-13 木柄金属压锤

图4-14 压锤使用动作示意图

图4-15　不锈钢粉渣盒　　图4-16　高强塑料粉渣盒　　图4-17　牛奶加热罐

粉渣时不会产生叮当声。如果粉渣盒是无底的，其下方就应该有一个垃圾桶直接接住倒入的咖啡粉渣。如果是有底的，盒子会很快装满，因此需要随时清理干净。放置在吧台台面的粉渣盒需要在其底下放置一块防滑垫以确保其稳定且减缓震动。每天至少需要清洗粉渣盒1～2次，晚上还应该用清洁剂和热水清洗。

6. 意式咖啡牛奶加热罐（Pitchers）

在制作意式拿铁咖啡拉花时，一个高品质的牛奶加热罐就是咖啡师最好的工具。这种牛奶加热罐（图4-17）一般为锥形，其平直杯壁及芽状开口使得拿铁拉花制作十分容易。为了应对忙碌的业务，营业场所应该多备几个不同规格的牛奶加热罐。1升成品咖啡可以用2升的牛奶加热罐，0.5升成品咖啡可以用1升的牛奶加热罐。为了最好地使用牛奶加热罐，里面的牛奶不要超过划定的上下限。如果装得太满，加热时里面的牛奶会膨胀，牛奶装得太少则达不到包裹加热蒸汽嘴的深度。暂时不用的牛奶加热罐应该用清洁剂在水中洗干净，然后倒立着放在冰箱里。

7. 清洁工具和材料

除了餐厅常用的清洁用品如：清洗剂、抹布等，咖啡制作场所还需要一些特别的设施来维护咖啡煮制装置、意式蒸汽咖啡机以及研磨机。清洁研磨机上的磨刀以及粉舱时可以使用圆刷子。

工作台面和研磨机周围散落的干咖啡粉可以用干燥的板刷（图4-18）清扫。营业结束时，可以用小型真空吸尘器将研磨机里面残留的咖啡粉末清除干净。这种吸尘器只能用来清除干燥的粉末，每次使用后要及时清空。

在清洁意式蒸汽咖啡机的花洒式出水筛时，需要使用粗壮的短柄螺丝刀将其拧开。将花洒式出水筛回位时不要过度用力，以免拧坏螺丝的丝口。不用时，应

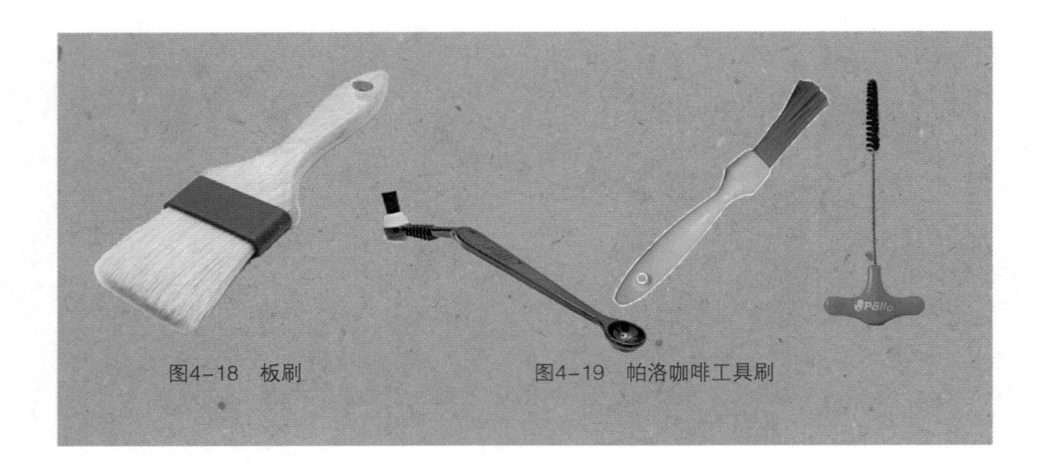

图4-18 板刷 图4-19 帕洛咖啡工具刷

该保持螺丝刀的干燥和清洁，以免生锈。

在清洁意式蒸汽咖啡机的咖啡引流头和垫圈时需要采用帕洛咖啡工具刷（Pallo brush）（图4-19）或者类似的刷子。在帕洛咖啡工具刷的尾端有一个刺状物可以用来清除蒸汽棒汽孔的堵塞物。如果现场没有帕洛咖啡工具刷，可以用回形针或者图钉来清除蒸汽棒汽孔。清洁蒸汽棒汽孔时，一定要小心，以免热水顺着手柄流出烫伤手。在清洁垫圈时也要十分细心，如果用力过大，坚硬的刷毛可能会划破橡胶圈。

刷子每次用完后，需要在水中洗干净。如果刷毛已经陈旧，应及时更换。除了常规的咖啡滤碗，还需要配备一只无孔滤碗，或者至少配备一个可以放入常规咖啡滤碗的无孔篮，以便在对咖啡机进行清洁时实行热水反冲洗。

另外，还需要配备足够数量的擦洗方布、不同型号的瓶刷、意式蒸汽咖啡机清洗剂以及用于夜间浸泡咖啡滤碗的不锈钢容器。

8. 监测工具

温度计、称重秤以及计时器都是用来确保咖啡的调制能够达到标准的必备工具。

小型电子秤（图4-20）可以用来称计煮制咖啡的分量以及确认意式浓缩咖啡的分量。若要得到准确的咖啡分量，一定要去掉容器的质量，不管是量杯还是咖啡滤碗。酒店常用的电子称重秤既便宜又非常实用，可以用来称计填充的咖啡粉的重量。要想保持咖啡粉的用量一致，需要一段时间的练习才可以熟能生巧。

小型计时器（图4-21）可以帮助咖啡师核定完成一份咖啡制作的时间范畴。初学时，可以在每次制作咖啡时都使用计时器来帮助自己培养时间感。随着经验逐渐丰富，可以不再每次都使用计时器。

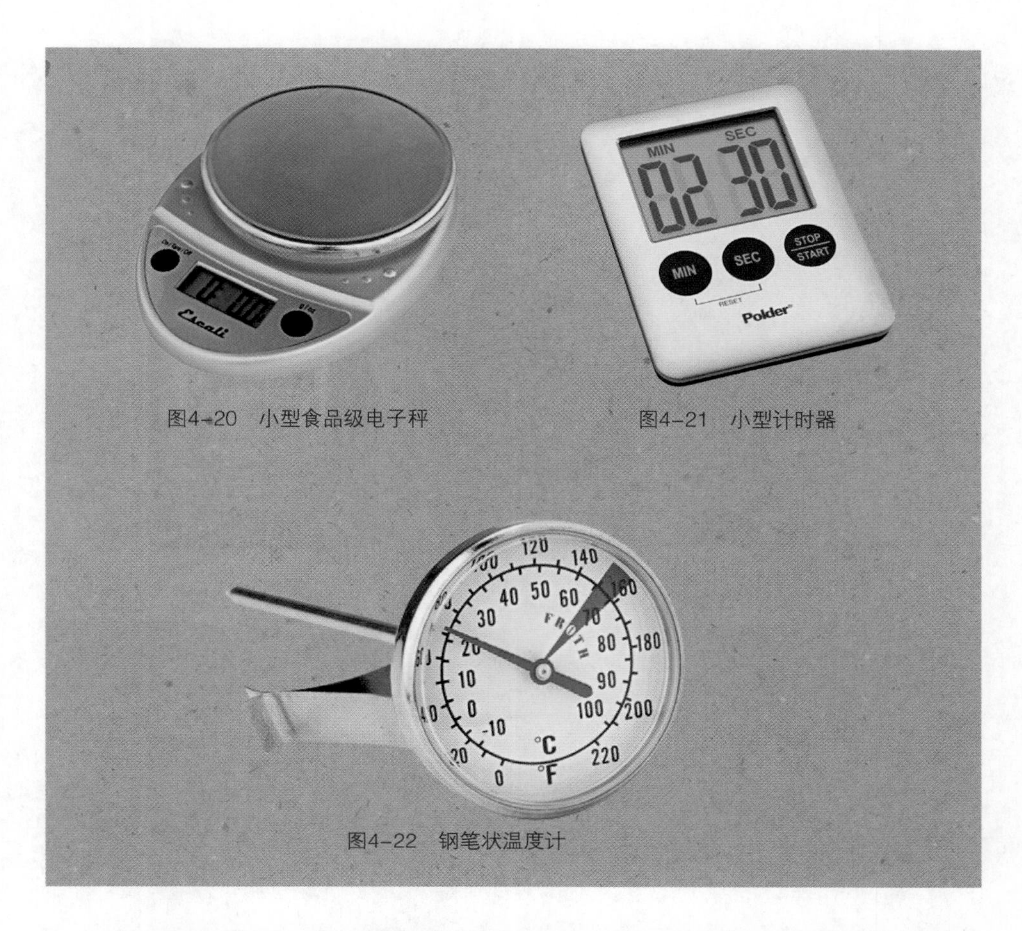

图4-20　小型食品级电子秤

图4-21　小型计时器

图4-22　钢笔状温度计

冷柜里也需要配备冰箱用温度计以便记录冷柜里的温度变化。另外还需要配备能够检查牛奶温度的小温度计。钢笔状的温度计（图4-22）可以用于检查咖啡机里热水的温度，并在牛奶加热时监控牛奶的温度。

任务7　咖啡杯具（Coffee cup）

理论上，最理想的咖啡杯具应该是那些能够保持咖啡的温度，不会把杯子自身的味道传递给咖啡的杯具（图4-23～图4-25）。因此，厚实且经过预热的瓷杯是最符合这些要求的。

图4-23　欧洲风格骨瓷咖啡杯、碟

意式浓缩咖啡对杯具的要求很高，需

图4-24　白瓷咖啡杯

图4-25　美国蒂凡尼公司19世纪生产的经典银质咖啡匙

图4-26　多种颜色的意式浓缩咖啡杯

图4-27　塑料材质的车载咖啡杯

图4-28　带加热功能的金属咖啡杯

图4-29　纸质咖啡杯

要使用专门的杯子（图4–26）。这种专用的小瓷杯叫做demitasse。由于杯子小，装在杯子里的咖啡会迅速冷却。因此，意式浓缩咖啡杯应该使用杯壁厚实的瓷杯，每次使用前都要进行预热。

图4–30　聚苯乙烯发泡咖啡杯

隔热的塑料杯（图4–27）或者金属杯具（图4–28）主要用于旅行，因为这两类杯具既耐用又相对较轻。当然，一些低质材料做成的杯子会影响到咖啡的味道，如一次性的咖啡杯，主要以纸和发泡聚苯乙烯为原材料。纸杯本身带有的纸味会或多或少地影响到咖啡的味道。因为纸杯的内壁往往涂有一层蜡或者塑料，以防止液体浸透纸杯。当然，其影响的程度也会因纸杯的质量而有所不同。

用带有盖子的杯具饮用咖啡同样会破坏咖啡的品鉴效果，因为杯盖不利于咖啡的绵香往外扩散。

近年来，一些咖啡连锁店以及快餐店流行使用纸质咖啡杯（图4–29）和发泡咖啡杯（图4–30），但是围绕哪一种咖啡杯对环境的危害更大的争论也不少。有学者认为，发泡咖啡杯对环境的危害比纸质咖啡杯要小。因为生产纸质咖啡杯所需要的化工材料以及能源与纸杯焚烧所产生的排放结合起来，会远远超过生产和处理发泡咖啡杯过程中对环境产生的影响。

【在下面空白处写下你学习本专题时的实践记录和体会】

项目五

咖啡煮制器具

学习目标

通过本项目的学习，你可以认识和了解几种咖啡煮制器具，并掌握其使用方法。

学习注释

■ 学习内容

任务1 法式压泡咖啡壶（French press pot）

一、法式压泡咖啡壶的历史

19世纪40年代，当真空咖啡壶和平衡式咖啡装置最初进入市场时，压泡式或者活塞式咖啡煮制器具的概念刚刚形成，当时制作密实的金属滤网的技术并不是很成熟。直至20世纪初，法式压泡咖啡壶（图5-1，图5-2）才开始流行，在欧洲的杂货店都可以买到。20世纪30年代，第一款带有不锈钢滤网和金属壶身的压泡咖啡壶开始出现。

二、法式压泡咖啡壶的使用

通过下面的图示，我们简要介绍法式压泡咖啡壶的使用方法。

1. 准备法式压泡咖啡壶和现磨的咖啡粉

2. 明确咖啡粉的分量

一般是每杯（约4盎司）需要1汤匙咖啡粉。

图5-1　透明压泡咖啡壶

图5-2　全金属材质的压泡咖啡壶

3. 迅速将咖啡粉放入咖啡壶中

咖啡研磨完毕应立即放入咖啡壶中。如果已经闻到咖啡的香味，说明咖啡已经开始跑味了。

4. 提前将水烧开

在研磨咖啡粉时应该提前将水烧开，开始往壶中注水时，水温应恰到好处。

5. 轻轻将开水注入

将开水轻轻注入后，咖啡粉就开始吸收水分。

6. 咖啡粉开始膨胀

待开水接近额定的水位时，咖啡粉基本被浸泡好，这时咖啡粉开始膨胀。

7. 停止注水

待开水达到额定的水位时，停止注水。

8. 用筷子搅拌

用一根筷子将冲泡的咖啡迅速搅拌，以便加快咖啡味道的萃取。

9. 搅拌几下就行

只需搅拌几下，就可以将咖啡粉与热水搅匀，这时候咖啡粉的膨胀才真正出现。

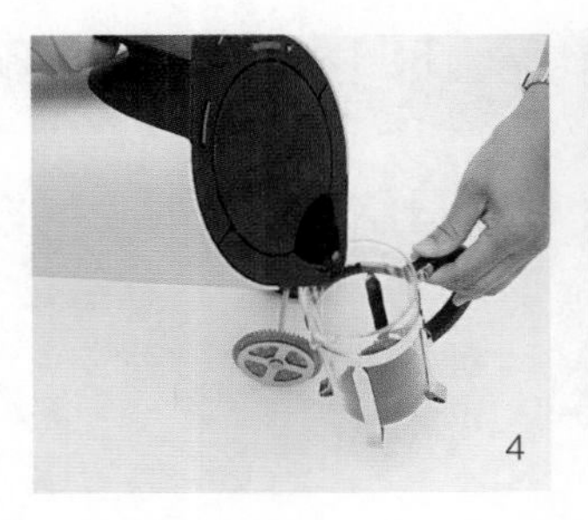

10．浸泡时间

盖上过滤装置，开始计时。小号的（0.4升）压泡咖啡壶，浸泡2～3分钟即可。大号的咖啡壶则要浸泡4分钟。

11．准备压下活塞

浸泡完成后，即可压下过滤网。这时需要紧紧握住活塞杆。

12．平稳下压

将活塞下压时一定要保持平稳，确保活塞杆绝对垂直。如果略有弯曲，咖啡粉就会被挤到过滤网的上面。

13．美味咖啡完成

至此咖啡制作完成，接下来只要倒入杯具中即可饮用。

14．轻轻倒出咖啡

往咖啡杯里倒咖啡时，最好用手指按住壶盖上的活塞杆，以免盖子突然被冲开。

15．完成

小号的法式压泡咖啡壶一般可以煮制两杯咖啡。

13

14

15

任务2 凯麦克斯咖啡壶（Chemex brewer）

凯麦克斯咖啡壶（图5-3）于1941年发明，外形像沙漏，有着明显的科学实验仪器的痕迹。而发明这种咖啡壶的人彼得·舒鲁博姆博士本人就是一名化学家。他将改形后的玻璃法兰与厄伦美厄热水瓶结合到一起。特制的过滤纸被放置在上半部分。这种过滤纸不同于标准的过滤纸，质地非常厚实，在醇香的咖啡液体流过时可以截住咖啡粉渣。制作咖啡时，在过滤网上放入中度粗细的咖啡粉，将沸水倒在咖啡粉上面，使咖啡粉湿润，再将剩下的沸水倒入，如果过滤网无法承载多余的水，可以暂停一下，随着煮好的咖啡滴出，可以接着加水。

由于这种咖啡壶使用的是很厚的过滤纸，因此适合于标准过滤纸的咖啡粉放在凯麦克斯咖啡壶的过滤纸中会显得太精细。

任务3 越南咖啡锅

越南咖啡锅（图5-4）实际上是一种单杯咖啡工具，由三个部分组成：主体像一只小的咖啡杯和咖啡碟在一起，一根有线连接的铁棒立在中间，杯子的底部则是一个过滤网。在主体上安装了第二道过滤网，在铁棒的上面还连接着一个中空柱。最后一部分就是盖子。

咖啡锅所要放置的杯子应该事先通过装入热水，加热后再将热水倒掉。煮制咖啡时，将咖啡锅套在杯子上，在咖啡锅内加入研磨较细的咖啡粉，然后把第二

图5-3 凯麦克斯咖啡壶外观　　图5-4 越南咖啡锅外观及部件

道过滤筛的螺丝拧紧，此时可以将牛奶直接倒入杯子里，也可以另行倒入。制作时将一杯非常热的水倒入咖啡锅，这时水和咖啡粉不应超过咖啡过滤网的四分之一，因为咖啡在吸入热水后会膨胀。大约半分钟后，将第二过滤网拧松两下，再倒入热水，并将盖子盖上。制作好的咖啡会花较长的时间完成滴漏，大约为5分钟（图5-5）。

任务4 自动式滴漏咖啡机（Auto-drip coffee maker）

自动式滴漏咖啡机是家庭、办公场所最常见的咖啡煮制器具之一，其最大的优点就是咖啡煮制过程被简化。装在水罐里的水在加热后被泵出并流向预装在漏斗型过滤篮里的咖啡粉，使咖啡粉被充分浸泡而形成香浓的咖啡，接着会自动滴入接在下面的玻璃壶中（图5-6）。

这种自动式咖啡机有两个缺点：一是水温不够热（高端产品除外），达不到咖啡精华的萃取温度；二是制造商都较为关注咖啡机的保温盘，其实，保温盘连续的加温会使咖啡变得有苦味。最好的办法是，咖啡煮好后倒入可以保温的玻璃壶中。当然，只要是加热温度能够达到咖啡煮制要求的自动式滴漏咖啡机，由于方便实用，始终是多数人日常咖啡煮制的首选。在选购滴漏式咖啡机

（图5-7，图5-8）时，需关注以下两点：一是良好的热水喷头（淋浴花洒式的设计比单一的小喷头能够更均匀地将热水洒在咖啡粉上面）；二是保温盘有自动关闭功能。

图5-5　用越南咖啡锅煮制咖啡流程

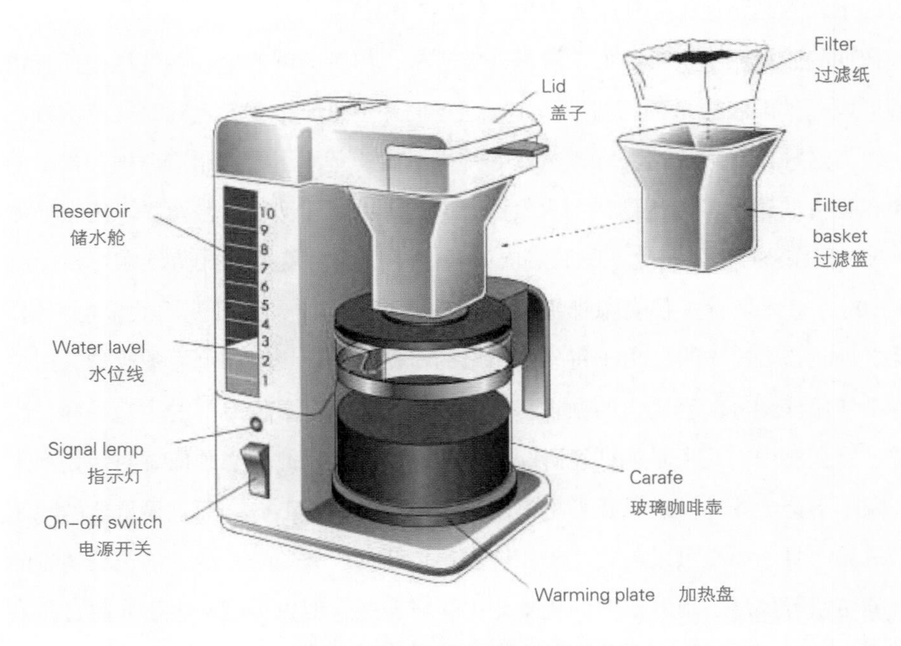

图5-6　自动式滴漏咖啡机基本结构

图5-7 Delonghi 时尚款5杯自动式滴漏咖啡机　　图5-8 普通款自动式滴漏咖啡机

任务5 胶囊咖啡机（Capsule coffee maker）

胶囊咖啡机最初只用于商业服务场所，而现在这种设备已经开始进入家庭和办公场所。胶囊咖啡机使用起来非常方便：研磨好的咖啡粉被预先装在各种形状（依机器的型号而定）的胶囊状容器里。需要煮制咖啡时，只需要把胶囊置入机器内，按下按钮，香浓的咖啡便流到了下面放置的杯子里。有些机器可以选择用较少的水来煮制，使得一杯咖啡更浓（图5-9～图5-11）。

初期的胶囊咖啡机都类似于滴漏式咖啡机，尽管能够产生一些气压，而且也能够形成一种虚假的米黄色咖啡油沫，但它们并不是严格意义上的意式蒸汽咖啡机，因为这种机器无法达到意式蒸汽咖啡机所需的基本压力。制造商现在推出的胶囊咖啡机的压力可以达到19个大气压（bar），比如瑞士雀巢公司旗下的奈斯派索（NESPRESSO）公司生产的胶囊咖啡机，中文品名就是意式蒸汽咖啡机（见图5-10）。总体来看，胶囊咖啡机都是经过精心设计的，而且使用效果也不错。不足之处就是咖啡本身，由于每一种型号的机器都是使用专门型号的胶囊，用户不得不使用该型号配套销售的咖啡，这就像喷墨打印机只用专门的墨盒一样。因为咖啡是在使用前几个月就已经研磨和包装完成的，因此就必须依靠封装技术来保证咖啡不会走味，其结果是煮出来的咖啡质量会参差不齐。而且最重要的问题不是机器本身，而是可以与它一起使用的预包装的胶囊咖啡。尽管预包装咖啡的新鲜度与新鲜烘焙、新鲜研磨的咖啡相比会略差些，但也可能会等于或超过研磨后直接罐装的咖啡。

图5-9 胶囊咖啡结构示意图

图5-10 雀巢奈斯派索（Nespresso）公司推出的Essenza胶囊咖啡机外观

图5-11 胶囊咖啡萃取原理示意图

任务6 魔咖壶（Moka pot）

魔咖壶（图5-12）有时被错误地当成了可以用炉灶加热的意式浓缩咖啡装置。该装置的设计中有许多变化，但基本的功能是相同的。魔咖壶可以煮制出品质好，醇厚的咖啡。

最基本的魔咖壶由三部分组成（图5-13）。

① 最底部的水舱室：它具有一个带螺纹的开口便于与上面的部分连接，一个泄压阀，此部分一般是由金属制成。使用前，要将水注入舱室，但是不要超过泄压阀，不要装满。

② 中间部分装的是咖啡研磨粉：这是一个在底部装有漏斗的金属环，漏斗

图5-12 魔咖咖啡壶外观

图5-13 魔咖咖啡壶结构示意图

图5-14 魔咖咖啡壶俯瞰图

被一层丝网与金属环隔开，该组件也由金属制成。这一部分直接与下面的水舱部分连接。煮制咖啡时，将磨得精细的咖啡粉装入直至装满为止或略有堆积，装入的咖啡粉不用夯实。

③ 煮好的咖啡涌入顶端部分后又从顶端倒出：顶端部分（图5-14）也有带螺纹的开口，便于与最下面的部分连接。这一部分在形状和材质上有很多变化，有的型号采用的是清晰透明的耐热塑料制成，方便用户看到煮制中的咖啡缓缓流入。这一部分的底部有一个与中间部分底部完全相似的筛网，这个筛网也是与一根导管连接。有了这根导管，上端部分与下端部分即能连接。

将组装好的魔咖壶放在炉子上加热。由于下部舱室的气密性（漏斗的底部位于水线以下），膨胀的空气向下给水施加压力，使得水顺着下部导管往上涌，随后穿透咖啡粉，直至顶端的导管。在顶端喷出的液体会聚集在上端储罐的底部，这时，煮好的咖啡就可以饮用了。这个过程有点类似真空罐煮制咖啡，但是也有差别：一是水不是与咖啡粉混合后浸泡，而是在一定的压力下穿透咖啡粉，二是煮好的咖啡一直储存在顶端部分。

使用魔咖壶时，应该注意以下几点。

① 初次使用时，可以采用比滴漏咖啡略显粗糙的研磨咖啡粉。其好处是给水流形成的阻力较小，不至于造成水流堵塞。同样，不要使用预装好的咖啡粉。因为这种咖啡粉遇水变湿时会膨胀，最后可能会阻塞设备。研磨过于精细的咖啡粉也可能会呛住魔咖壶，导致安全阀被弹开（减压）。确保底部或中间部分的盖子上都没有沾上研磨咖啡粉，因为这可能影响密封效果。

② 炉灶也可能会有差异，如果在五分钟内将水加热，一个由低到中等热设定的灶具就很合适。不要使用火力非常强大的加热装置。

③ 当魔咖壶开始发出滋滋的声音时，可以将其从热源移开，随后它会自动完成咖啡的煮制。如果有一些水还留在底部的舱室，也不用担心，再加热一下就可以使里面的水全部溢出。

④ 底部的水舱室一定要有空气回流空间，这一点很重要。遇到堵塞时，泄压阀必须保持畅通，以防止水舱室爆裂。留出空间也有助于形成用于将水往上推的压力。

正如前面提到的，魔咖壶有时也被称为炉头蒸汽咖啡机。其实，这些设备不能产生足够的压力来形成意式浓缩咖啡所特有的乳化油和胶体，魔咖壶能够煮制味道较浓的咖啡，但不是意式浓缩咖啡。

任务7 虹吸式咖啡炉（Siphon coffee maker）

一、虹吸式咖啡炉的工作原理

虹吸式咖啡炉（图5-15）由四部分组成：加热壶部分（先盛装生水，最后盛装煮好的咖啡）、咖啡煮制部分（配有虹吸管，底部有孔洞，真正煮制咖啡的部分）、密封材料（通常是一个橡胶垫圈，便于在煮制咖啡时在加热壶形成部分真空）以及过滤网（可以是玻璃材质、纸质、金属或者布料）。

使用虹吸式咖啡炉煮制咖啡还需要有一个加热装置。这种加热装置可以是以下三种炉具：装有布芯的酒精炉（最慢）、燃气炉或电炉（较快）以及专用丁烷炉（最快）。当然，也有其他加热工具，如卤素燃烧系统。

虹吸式咖啡炉安装妥当之后，即可对加热壶里的水进行加热。在加热的过程中，壶里的水就会变成水汽。随着加热壶的不断加热，水汽占据的空间会超过壶中的液体并膨胀。水汽在膨胀过程中需要寻找能够释放其自身压力的途径，而离开加热壶的唯一通道就是连接上部咖啡壶的虹吸管。由于加热壶里的水还挡着水汽释放的通道，所以，水汽只能把加热壶里的热水顶进虹吸管。这就是煮制咖啡的热水是如何脱离地心引力，越过过滤装置，窜到上面的咖啡壶开始煮制装在里面的咖啡粉的过程。

在上部咖啡壶里的咖啡煮制完成后（不同规格的虹吸式咖啡壶要求的煮制时间会不同），加热装置即可停止加热。需要强调的是，水汽在加热时会膨胀，在压力条件下又会收缩。当加热停止时，水汽就会收缩。最后，加热壶里的水汽会一直收缩到形成一种真空压力（负压），使得上部咖啡壶中被煮制过的咖啡液体通过过滤装置被吸回到加热壶中。

这里介绍一下另一种平衡式虹吸咖啡炉（图5-16），这种形式的虹吸咖啡炉要追溯到19世纪40年代，也叫做比利时皇家咖啡炉。其工作原理基本上和前面介绍过的虹吸式咖啡炉相同，只是两个壶身位于平衡臂的两边。铜质加热壶里水的重量会使得平衡臂朝加热壶这边下垂。在加热壶底下点燃酒精灯后，接近沸腾的热水很快被释放到另一边装有咖啡粉的玻璃壶。由于平衡臂上的重量被转移到了咖啡壶这边，加热壶慢慢翘起来，酒精灯自动熄灭。停止加热后，铜质加热壶里的水汽开始冷却，最后又将煮制好的咖啡液体吸回。

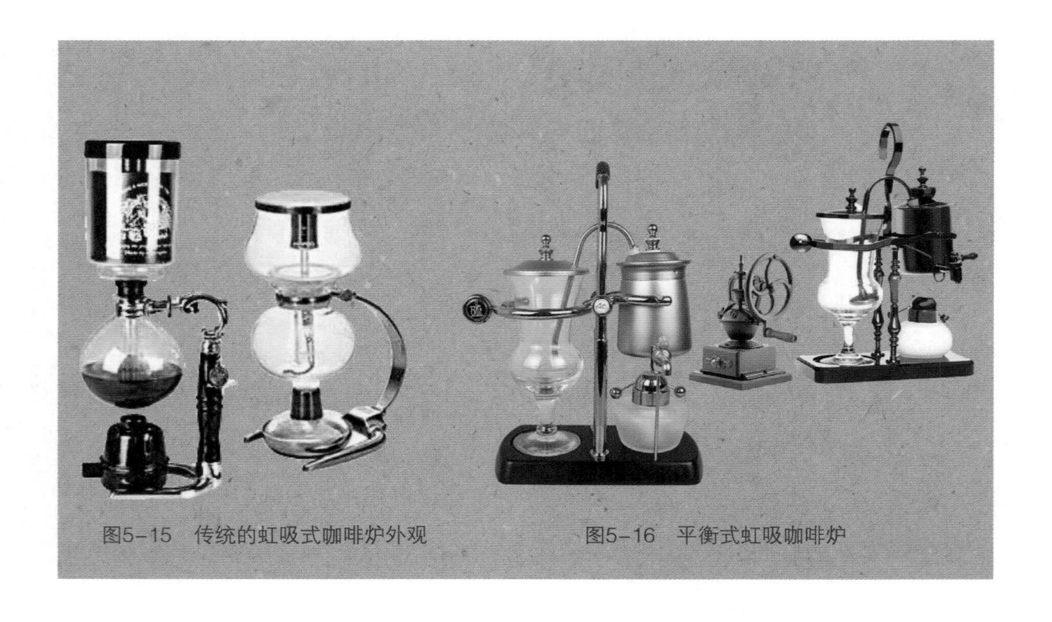

图5-15　传统的虹吸式咖啡炉外观　　图5-16　平衡式虹吸咖啡炉

二、虹吸式咖啡炉使用方法

（1）使用虹吸式咖啡炉的注意事项。

① 使用新近烘焙、现磨的咖啡；

② 现磨现煮，中间不要有等待的时间；

③ 煮制咖啡其间，一定要保持并监控加热。

（2）使用虹吸式咖啡炉煮制咖啡的流程。

① 准备虹吸式咖啡炉：包括两只玻璃壶（加热壶、咖啡壶）、一只酒精炉、布质过滤网和竹制搅勺。

② 安装过滤网：将过滤网直接放在上部虹吸壶的孔洞处，将其珠状金属链顺着虹吸管放下，并固定虹吸管的底部。

③ 在加热壶里加入热水：建议用热水，但不是开水，以便加快煮制速度。当然，也可以直接用新鲜的冷水，口感上没有什么区别。

④ 加水完毕。

⑤ 在上部咖啡壶中倒入现磨的咖啡粉。

⑥ 将装有咖啡粉的咖啡壶与装有水的加热壶连接：轻轻地将咖啡壶部分与加热壶连接。注意不要磕碰虹吸管，确保橡胶垫圈完好无损。

⑦ 放置加热装置：图中使用的是丁烷炉，火焰可控制，热效高。现在为旺火状态。

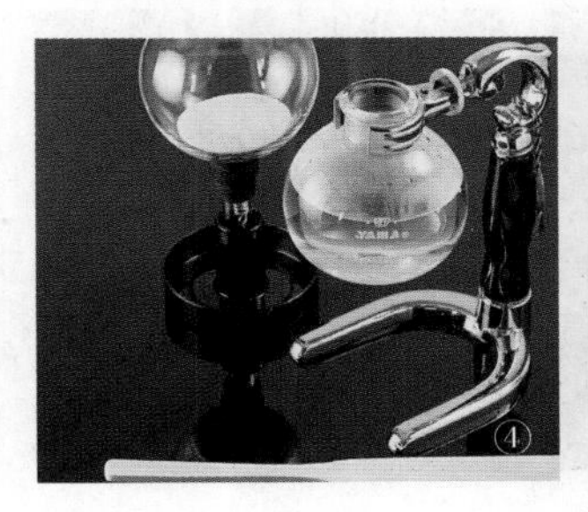

⑧ 搅拌（1）：随着加热壶的水被推入上部的咖啡壶，需要使用竹制搅拌勺搅拌几下，以使咖啡粉完全被浸泡，这时需把火焰调小一点。

⑨ 搅拌（2）：继续搅拌，让咖啡粉与热水充分混合，再进一步将火焰调小。其目的只是保证加热壶的水被不断地推到上部的咖啡壶。

⑩ 浸泡时间：咖啡壶规格的不同以及加热方式的不同对浸泡时间的要求也不一样。一般而言，在文火状态下的煮制浸泡时间为70～75秒。

⑪ 移除加热装置：加热完成后，不要简单地将火焰熄灭就完事，而应该将加热装置完全移走。因为火焰熄灭后的加热装置的余温会减慢咖啡液体的回流。

⑫ 咖啡液体回流开始：随着加热壶里水汽开始收缩并转变成水，这样就形成了负压真空，上部咖啡壶里的咖啡液体被吸回到加热壶。

⑬ 回流接近完成：此时，咖啡液体回流接近完成。特别需要提醒的是，不要为了加快回流速度而把湿布包裹在底部加热壶外围，这样容易使玻璃制品在突遇低温时发生爆裂。

⑭ 震动：回流结束时，空气被快速吸入以填补加热壶的真空。这个过程中会产生“噗噗”声和震动。至此，表明咖啡已经煮制完成。

⑮ 移除咖啡壶：此时，可以将上部的咖啡壶小心地移开。

⑯ 咖啡制作完成：将上部的咖啡壶放置在专用的黑色基座上。至此，虹吸式咖啡炉煮制咖啡的过程已经完成。

任务8 滴漏式冰咖啡器具（Ice drip coffee）

制作滴漏式冰咖啡耗时较长，制作周期往往长达3～5小时，或者更长。因此，滴漏式冰咖啡并不适宜于商业场所，更适合家庭。冰咖啡在冰箱里冷藏一天品质上不会有什么变化。因此在炎热的夏天，头一天制作的冰咖啡第二天仍然可以放心饮用。

一、冰咖啡的理论原理

在日本，用于制作冰咖啡的塔状冰咖啡装置十分流行，有的高达1.5米或者更高。国外一些咖啡厅之所以喜欢使用和摆放这些咖啡工具，是因为它们具有很强的观赏性，而最具装饰特点的是其螺旋状玻璃管道。煮制好的咖啡就是通过这个管道缓慢地流下，一滴一滴地滴落到下面的玻璃壶中。滴速的控制机制也十分有趣，有的是采用一个老式的阀门控制滴落到咖啡粉里的水量。控制阀的上方则是装有多达1千克冰块的大玻璃壶。

二、滴漏式冰咖啡装置的工作原理

这种日式塔状冰咖啡装置的工作原理是：冰冷的水导致的缓慢萃取时间有助于形成一种浓缩的咖啡精华。整个制作过程之所以缓慢，有几个方面的因素：缓慢融化的冰块抑制了水的流速；滴漏机关被控制在平均每秒钟1～2滴；在一个细长的桶状容器里的咖啡粉使得水的流速进一步变缓；最后螺旋状玻璃管也影响着萃取的咖啡液体的流速。

相对于热水，冰水的萃取过程是不一样的。咖啡中的某些成分（包括咖啡因）在冷水里比在热水里更难以萃取，其他一些成分与冷水的反应速度也不相同。正是由于这些差别，滴漏式塔状冰咖啡装置制作出的咖啡在口感上是没有一点酸味的，一些有明显的辛辣味或者巧克力味的咖啡用冰咖啡装置制作就没有了这些味道。

这种装置可以制作出十分浓稠的咖啡，甚至比滴漏式热咖啡装置制作出的咖啡浓一倍，因为在制作时可以加大研磨咖啡粉的量。也就是说，制作出来的咖啡液体在饮用时可以通过加冰块或者水予以稀释。

三、基本要求

① 咖啡粉的用量：这主要取决于个人的口味。一般情况下，每煮制120毫升咖啡需要12克咖啡粉。

② 咖啡粉的粗细：依使用的咖啡粉类别以及个人对咖啡的浓淡要求而定。

③ 冰块的类别：由于水是最后的咖啡成品的主体，因此应该采用质量最好的冰块，尽量使用纯净水制作的新鲜冰块。

④ 采用什么样的滴速：建议设定每1.5秒1滴的滴速，或者保持在每分钟40滴。

⑤ 如何稀释：整个过程完成时，咖啡液体已经基本接近室温。若希望降低其温度，可以将装咖啡的玻璃壶放在冰箱里，或者倒一些咖啡到杯子里，再加入大量冰块以及适量糖粉。

四、塔式冰咖啡装置使用流程

① 塔式冰咖啡装置外观。

② 倒入咖啡粉：按照12克咖啡粉冲煮120毫升液体咖啡的比例计算咖啡粉的用量。在这个装置里，需要60克咖啡粉才能冲煮出约600毫升的液体咖啡。

③ 放入过滤片：塔式滴漏咖啡装置需要在咖啡研磨粉的顶部放置一块纸质过滤片，这样有助于水在咖啡研磨粉表面的均衡分布。在咖啡研磨粉的底下用的则是布制过滤片。

④ 加入冰块：根据需要在顶部的玻璃壶中加入冰块。

⑤ 注水：注入少量的水即可启动冲泡程序，最初在上面的玻璃壶中注入的水占总容积的1/3即可。

⑥ 调整滴漏控制阀：滴漏控制阀通过调节可以达到每秒钟一滴。因此，一次完整的咖啡冲泡大约需要4个小时。

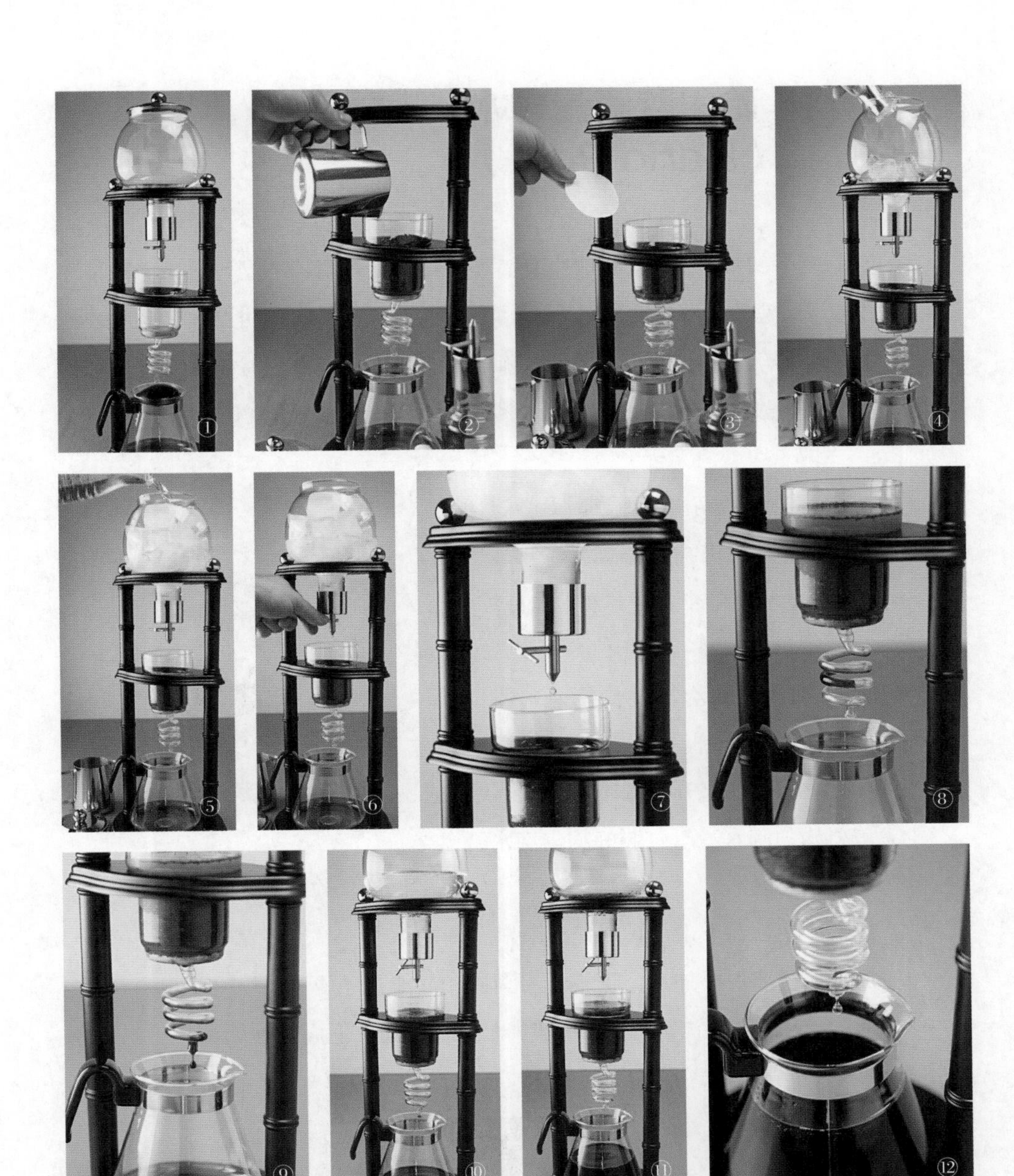

⑦ 滴漏速度：通过调节滴漏控制阀可以准确控制冰水滴出的速度。

⑧ 开始冲泡：咖啡粉在冰水中饱和约20分钟后，开始沿着下面弯曲的玻璃导管流出。

⑨ 第一滴冰咖啡：非常浓稠的咖啡开始缓慢地流入下面的玻璃壶中。

⑩ 3小时之后：3小时之后冰块基本上已经完全融化。根据冰块的大小以及咖啡冲泡量多少，可以加入更多的冰块。

⑪ 接近尾声：冲泡基本完成，冲泡出的咖啡接近400毫升。

⑫ 冲泡完成：当最后滴出的液体呈透明状时，整个冲泡就完成了。

任务9 哈里欧滴漏式冰咖啡壶（Hario Pota）

哈里欧也是一种滴漏式冰咖啡冲泡装置。其功能表现基本上与塔式冰咖啡冲泡装置相同，只是其造型更加紧凑。而且由于咖啡粉容器的空间更大，因此冲泡速度会更快，只需2～3小时，而塔式冰咖啡冲泡则要4～5小时。如果设置为每秒约1滴，相对于塔式冰咖啡冲泡装置，可以减少约30%的冲泡时间。具体使用步骤如下。

① 准备好哈里欧滴漏式冰咖啡装置：哈里欧滴漏式冰咖啡装置比塔式滴漏式冰咖啡装置更加小巧紧凑，因此可以在冲泡时方便地放在冰箱里。

② 确认哈里欧咖啡壶的部件齐全：成套咖啡壶包括研磨咖啡粉罐和均匀滴水滤盘。

③ 加入研磨咖啡粉：倒入约50克的研磨咖啡粉，以便冲泡出约500毫升的咖啡浓缩液。

④ 盖上均匀滴水滤盘：装好均匀滴水滤盘之后，再安装其他部分。

⑤ 加入冰块：在上部的玻璃舱室装满干净的冰块。

⑥ 加水：往冰块中加水，正式开启滴漏和冲泡程序。

⑦ 冲泡出的第一滴咖啡：第一滴咖啡已经流到了下面的玻璃壶中，玻璃壶

②

③

④

⑤

⑥

⑦

⑧

⑨

⑩

中会有少量的研磨咖啡渣。这主要是因为均匀滴水滤盘只是一个不锈钢的过滤工具，因此，刚开始时会有一些咖啡渣顺着咖啡液体流过滤盘。

⑧ 基本完成：到这时候，哈里欧冰咖啡持续滴漏了约两个半小时，冲泡任务完成了约80%。

⑨ 滴漏控制：哈里欧冰咖啡壶上的滴漏可以进行十分精确的控制，可以将滴漏量调节为每10秒钟1滴或者每秒钟数滴。

⑩ 冲泡完成：经过约三个半小时的冲泡，冰咖啡制作完成。卸下上部装冰块的玻璃舱室以及研磨咖啡罐，底部玻璃壶中的冰咖啡即可享用。

知识链接

— 咖啡设备及用具的清洁 —

在每一次的煮制程序完成后，所有的玻璃器具需要彻底清洗。这其中包括自动滴漏咖啡壶、法式压泡咖啡壶以及其他任何可以安全地浸泡在水中的咖啡容器。清洗时主要是把煮制过程中的痕迹清除掉。如果使用自动滴漏咖啡机的保温盘时一定要注意，因为玻璃咖啡容器底部的咖啡汁液很容易被烧焦。保温盘本身在冷却时应该用略微湿润但不是全湿的纸巾擦拭干净。

咖啡设备的全面清洗需要分装的酸、碱溶液。酸性溶液（包括醋、柠檬酸）适合清洁矿物质沉淀，而像烧碱、洗涤剂这样的溶液则有助于清除弱酸性质的咖啡沉淀。

当然，电动咖啡设备是不能浸入水中清洗的。那些所谓无线的电动咖啡机其实并不是真的没有电线，只是将其部分电路设置在其基座里了，其余电路部分则安装在水舱的底部。因此，水舱是不能直接浸泡在水里的，其外部也不能被打湿。

多数自动式滴漏咖啡机需要定期用水和醋溶液进行除垢。因为煮制咖啡的水中含有多种容易附着在加热元件以及机器其他部件上的矿物质。如果任其长期堆积的话，这种附着层会影响到加热设备元件的效果。醋可以溶解这些矿物质。清洁液或者清洁粉也可以达到这种效果，他们的好处是没有醋的那种气味，也就不会影响到随后制作的咖啡的味道。将除垢溶液像煮制咖啡时加水一样倒入咖啡机，待除垢完毕后，需要用清水将机器过几次水，以去除除垢溶液的残留。

不管使用什么样的元器件（包括电热水壶）加热含有矿物质的水，定期的除垢十分必要。至于多久除垢一次，主要取决于水中的矿物质含量以及设备的使用频率。而对那些不需要自身加热的器具进行除垢则没有必要，如法式压泡咖啡壶。

【在下面空白处写下你学习本专题时的实践记录和体会】

项目六

意式蒸汽咖啡机

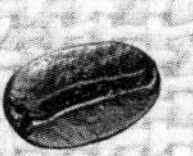

■ 学习目标

通过本项目的学习，你可以认识和了解意式蒸汽咖啡机的原理及其使用。

■ 学习注释

■ 学习内容

意式蒸汽咖啡机是一种通过迫使水在（8～9）×10^5帕的压力下，以正确的煮制温度，透过精细的咖啡研磨粉快速形成的一种叫做意式浓缩咖啡（Espresso）饮品的专业咖啡设备。用这种设备煮制的咖啡与普通咖啡有着很大的差别：普通咖啡本质上是一种咖啡溶液，而意式浓缩咖啡则是固体的悬浮液和乳化状液体，煮制得当的意式浓缩咖啡表面往往罩有一层浅棕色的咖啡油。

任务1 意式蒸汽咖啡机

意式蒸汽咖啡机的设计因品牌和型号不同而有所差异，但某些基本的功能通常是相同的。通过图6–1至图6–6，我们可以对常规的意式蒸汽咖啡机有一个基本了解。

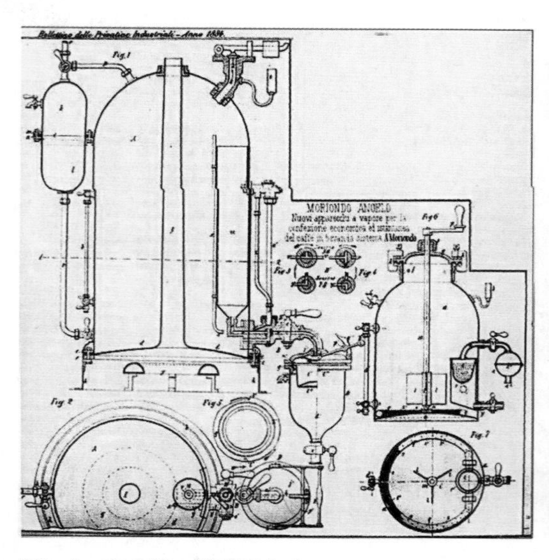

图6–1　安杰罗·默瑞昂多（Angelo Moriondo）于1884年5月16日申请的第一个意式蒸汽咖啡机专利的结构图

图6–2　1954年德国产的意式蒸汽咖啡机

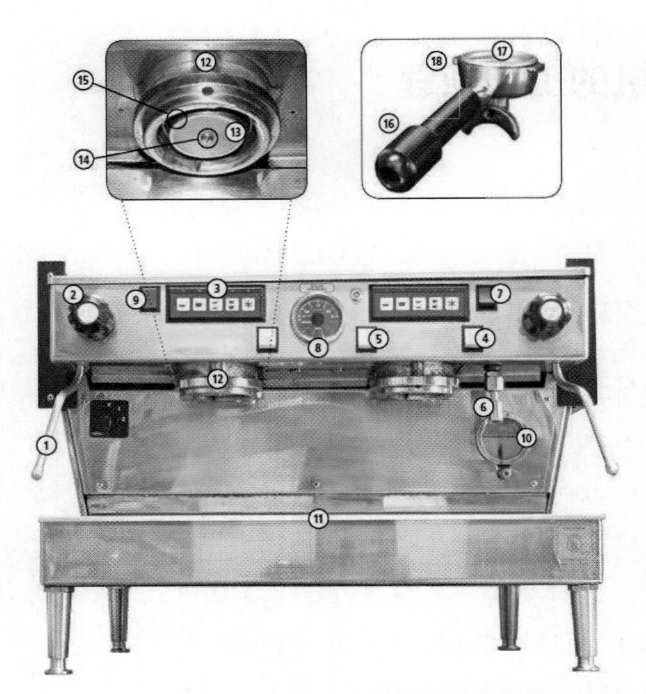

1. 蒸汽杆（Steamwand）
2. 蒸汽杆控制旋扭（Steamwand controlknob）
3. 出水喷头组控制面板（Grouphead control panel）
4. 出水喷头组手动开关（Grouphead manual switch）
5. 热水开关（Hot water switch）
6. 热水水嘴（Hot water spout）
7. 手动注水开关（Manual fill switch）
8. 压力表（Pressure Gauge）
9. 关/注水/开（OFF/FILL/ON Switch）
10. 透明观察口（Sightglass）
11. 接水盘（Drip tray）
12. 出水喷头组（Grouphead）
13. 花洒式喷水筛网（Dispersion screen）
14. 喷水筛网固定螺丝（Dispersion screw）
15. 出水喷头组垫圈（Grouphead gasket）
16. 咖啡滤碗手柄（Portafilter handle）
17. 咖啡滤篮（Portafilter basket）
18. 咖啡滤碗卡牙（Portafilter cleat）

图6-3　常见意式蒸汽咖啡机的功能示意图

图6-4　商用意式蒸汽咖啡机

图6-5　办公室用意式蒸汽咖啡机

图6-6　小型家用意式蒸汽咖啡机

任务2 意式蒸汽咖啡机的工作原理

意式蒸汽咖啡机有手动、半自动和全自动三种基本类型。在手动咖啡机上，从往锅炉注水到控制咖啡制作时的出水量等全部工作均由咖啡师手动完成；在半自动咖啡机（图6-7）上，锅炉会自动注水，但咖啡师仍然需要控制咖啡制作时的出水量，常用于咖啡厅吧台，由专人操控。

一台全自动咖啡机器（图6-8）绝对是只需按下按钮，即可完成包括研磨、填装压紧、萃取、牛奶加热打泡等在内的全部任务，这种方法能够确保质量一致的承诺。但是所涉及的问题，如过度加热的咖啡豆、走味、无法调整湿度等，都会影响到这些机器煮制出高品质的意式咖啡。全自动意式蒸汽咖啡机缺乏咖啡师亲自制作的感受，主要用于自助餐饮场所，由客人操控。

由于每个型号的机器都略有不同，因此使用机器之前加深对机器的了解有助于制作出更好的咖啡。在全自动或半自动的机器中，金属探头测量出锅炉里的温度和水位后，会将信息反馈到执行补水和加热循环任务的电脑系统。一些意式蒸汽咖啡机采用的是多个锅炉—— 一个用于蒸汽杆，另一个则用于出水喷头，以便最大程度地保持温度的稳定性，并提高机器的工作能力。在任何情况下，锅炉里盛装的水只能占总容量的四分之三，因为需要为蒸汽留出空间。机器上配备的膨胀阀和真空阀可以起到安全释放的作用，使得锅炉中的压力永远不会达到一个爆炸性的水平。

意式蒸汽咖啡机中的每一根管道都完全注满了水，从而形成了一个封闭的系

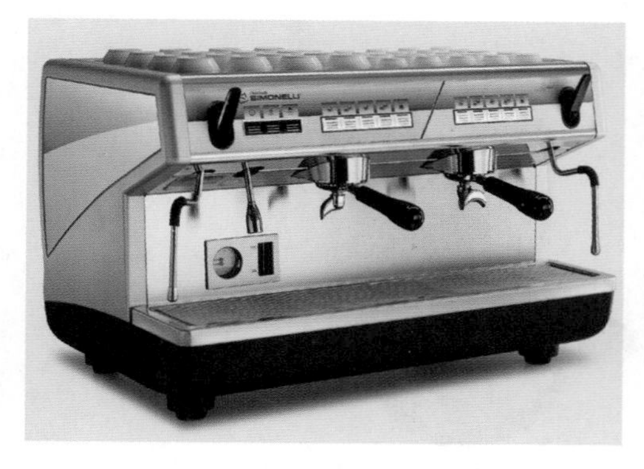

图6-7 半自动意式蒸汽咖啡机

图6-8 全自动意式蒸汽咖啡机

统。因此，在恒定的压力下，每次水从一端被压入，就会从另一端被压出。如果气泡被困在某一管线里，就可能会导致整个系统出现问题。因为空气是可压缩的，在管线内会膨胀或者压缩。其结果要么是缓冲泵压，要么是提升泵压，使得制作出的意式特浓咖啡品质不一致。

电磁阀控制能够控制水流向机器的不同部分。这些装有弹簧的加载电磁阀里面的活塞在电流贯穿时向上移动，而在电流关闭时则会关闭。特殊的三通阀控制水流向出水喷头，每制作出一杯咖啡就会释放一定的压力。

一般情况下，机器中锅炉的压力是通过锅炉本身的压力统计装置来调整的。通向出水喷头的水是通过安装有可调节螺丝独立调节的压力泵加压进去的。当咖啡师启动机器煮制一杯咖啡时，出水喷头电磁阀打开，锅炉也开始有水被压入。压力和多余的水被迫通过机器上唯一的出口——出水喷头的筛网流出。这种滚烫的、被压出的水穿越咖啡粉之后便成了一杯香浓的意式浓缩咖啡。

任务3　意式蒸汽咖啡机的日常维护

这里所介绍的日常维护程序涵盖了泵驱动的半自动咖啡机基本的日常清洁程序。因为意式蒸汽咖啡机的式样和型号上有很大的差异，日常维护程序需要根据具体的机器类型进行调整。但不管使用什么样的机器，清洁卫生是防止机器故障和保障咖啡出品的第一要务。

不管咖啡师的工作流程多么完美，如果机器不干净或者有异味，制作的咖啡将会大打折扣。每煮制一杯咖啡，咖啡油便会在咖啡机的工作面堆积。当咖啡油达到一定量时肯定会使机器产生异味，并影响到咖啡中应有的金属味。由于机器本身的温度高，这些咖啡油会迅速腐臭变质，因此每天必须清洗几次。腐臭的咖啡油会影响到煮制的意式浓缩咖啡，使其带有明显的酸臭味。此外，时间一长，咖啡粉渣也会在出水喷头的垫圈和花洒式出水筛网上堆积。这不仅会影响整个煮制萃取过程，还会使新煮制的咖啡有一种走味或煮制过度的味道。咖啡滤碗和出水喷头组每晚需认真清洗，白天的使用过程中也要不定期进行清洗。好的日常保洁程序在一定程度上能够保护和延长咖啡机的使用寿命。游离的咖啡粉渣和咖啡积淀物会导致橡胶垫片撕裂，阻塞花洒式出水筛网，堵塞排水管，破坏机器的热稳定性。排水管应该每天晚上用热水清洗。机器上的每个金属镀铬面也应该干净得像镜子。蒸汽杆更需要特别的注意，如果不随时擦洗，蒸汽杆的出气孔很容易被堵塞，在最坏的情况下，蒸汽杆的出气孔会成为牛奶细菌的培养基地，最终会污染锅炉，使整个机器无法使用。

咖啡机是咖啡师最重要的朋友、伙伴和左右手。因此，咖啡师应该熟悉它，懂得如何关注、关怀和尊重它。

任务4　意式蒸汽咖啡机的开启步骤

第一步：如果咖啡滤碗已经在清洁溶液中浸泡了一晚上，白天第一次使用前应该将咖啡滤碗和金属过滤篮从专用清洁溶液中取出，在清水中冲洗干净。

第二步：将金属咖啡过滤篮放回咖啡滤碗，并放在出水喷头下用热水冲洗10秒钟。

第三步：将冲洗过的咖啡滤碗与出水喷头组对接（图6–9），以便使咖啡碗的温度上升。

第四步：将研磨机开启两秒钟后，倒掉磨出的咖啡粉。

第五步：准备一块仅供咖啡滤碗用的干抹布；一块仅供擦拭蒸汽杆用的湿抹布；一块擦拭吧台台面的清洁抹布（不可用于擦拭咖啡粉）。

第六步：用每个出水喷头组和咖啡滤碗制作至少5小杯咖啡（每杯约60毫升）。同时确认下列指标是否达到。

- 流出的咖啡液体像热蜂蜜一样连贯和流畅，颜色为深红棕色，最后才变

图6–9　咖啡滤碗与出水喷头组对接

图6–10　从出水喷头流出的咖啡

图6-11　从咖啡滤碗流出的咖啡

图6-12　装载于瓷杯里的咖啡

图6-13　装载于玻璃杯中的咖啡

为浅棕色（图6-10，图6-11）。

• 在杯中的意式浓缩咖啡颜色同时会有深红棕色和深金色，以及镜子一样的咖啡油（图6-12，图6-13）。

• 制作出的咖啡口感应该深厚，且闻起来有一些烟熏味，舌尖上也能感受到水果的味道。

• 制作一杯60毫升的意式浓缩咖啡应该不超过30秒钟，否则就会过度萃取。

第七步：将吧台擦拭干净，台面上如果有干咖啡粉，可以用刷子清扫。

第八步：确保所有的咖啡杯是干净的、热的。

任务5　意式蒸汽咖啡机的使用注意事项

在白天的使用过程中，要用热水对意式蒸汽咖啡机进行反冲洗，并用出水喷头组冲刷清洁垫圈。

养成每制作一份咖啡就从出水喷头组放出30毫升热水的习惯。同时在每个繁忙的时间过后清洗出水喷头，并进行反冲洗。这个过程中不能使用意式蒸汽咖啡机专用清洗剂，只能用清水。但要注意，过多的反冲洗会使咖啡机的温度降低。

营业场所开门和关门之间至少两次用专用清洗布和清水清洗咖啡滤碗的里面，而且清洗一定要彻底。为了便于使用，可将清洗布剪成5厘米的方块。清洗干净后将咖啡滤碗用热水快速冲洗（图6-14），用干布擦干（图6-15）后再装入出水喷头组（图6-16）。蒸汽杆每次使用后都要将气孔完全冲通，并擦拭干净。

如果制作每一杯意式浓缩咖啡的时间间隔在10分钟以上，制作出的咖啡就难以保持较高的品质。如果使用频率不高，咖啡滤碗就会过度冷却，累积的咖啡油也会迅速走味。在业务不繁忙的咖啡吧，可以采用下列方法改进现煮咖啡的品质。

图6-14　热水冲洗咖啡滤碗

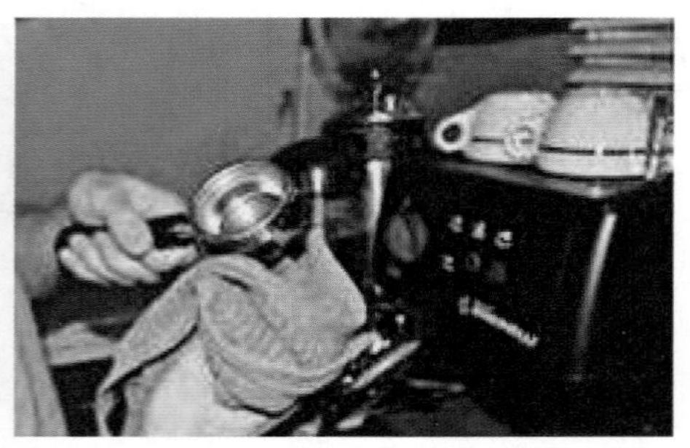

图6-15　用干布擦拭咖啡滤碗

图6-16　与出水喷头组连接

图6-17　热水从出水喷头组流出

- 制作每一杯咖啡之前从出水喷头组空放约60毫升热水（图6-17）。
- 每次服务完成后，养成将废水擦拭干净的习惯。
- 如果短时间内不制作第二杯咖啡，用清水反冲洗出水喷头，以保持其清洁。

在使用意式蒸汽咖啡机专用清洗剂进行反冲洗，或者擦洗咖啡滤碗之后，要制作1～2杯咖啡，使咖啡滤碗重新承载咖啡的香味。

任务6　意式蒸汽咖啡机的关机清洁步骤

一、清洗花洒式出水筛（Dispersion screens）

第一步：手持出水喷头组专用刷（帕洛工具刷），以画圆的动作刷洗筛网和垫圈，同时让热水从出水喷头组流出，以便清除筛网上的咖啡积垢（图6-18）。

第二步：如果花洒式出水筛网不能轻易移除的话，可以转往下一步。如能移

图6-18　使用帕洛工具刷对出水喷头组清洁

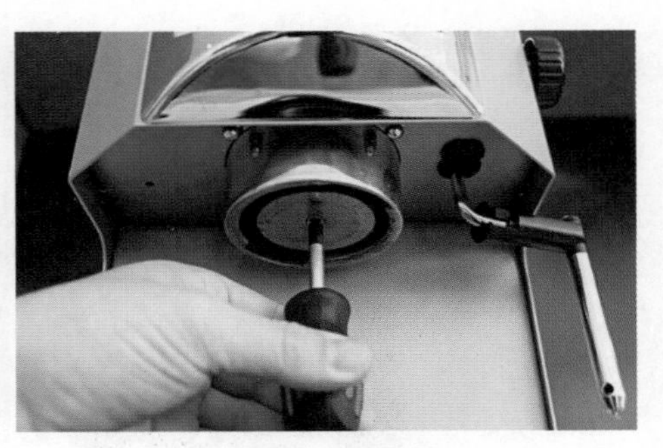
图6-19　拧松螺丝

图6-20　取下沾满咖啡堆积物的筛网

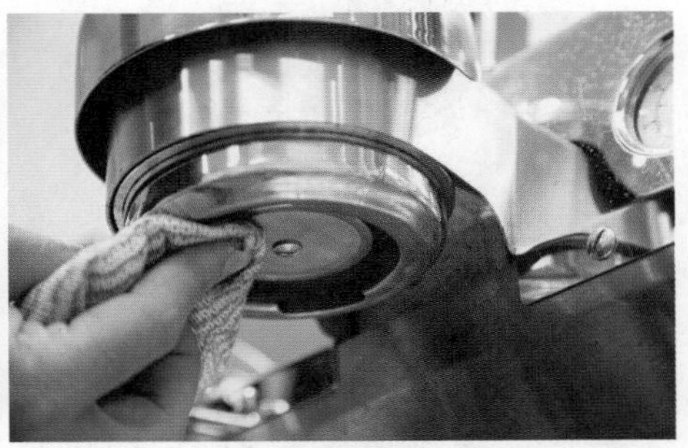
图6-21　擦拭出水喷头组

动，可以在咖啡机旁放一个盘子。

第三步：将花洒式出水筛网的螺丝拧松（图6-19）。

第四步：将螺丝放在盘子里。

第五步：将花洒式出水筛网上的咖啡堆积物（图6-20）刷除，如有必要，可以将筛网浸泡在意式咖啡机清洗液中。

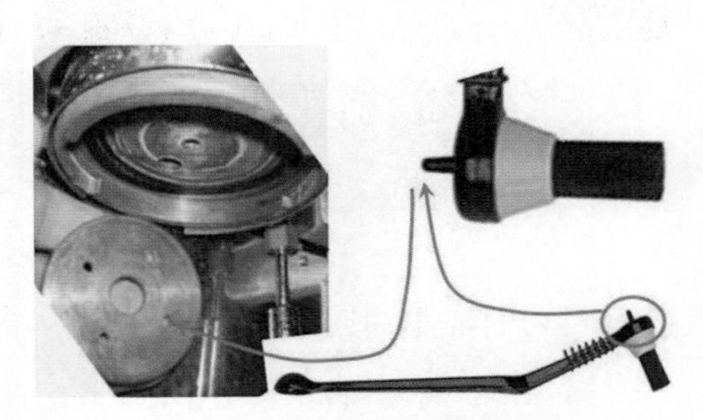
图6-22　用专用的刷子清洗沟槽

第六步：用干净的布擦拭出水喷头组（图6-21）。

第七步：使用专用的硬刷子清刷沟槽及孔洞（图6-22）。

第八步：重新装好筛网和螺丝。

二、反冲洗出水喷头组

反冲洗主要是为了清除筛网和出水喷头组上的咖啡积垢。取出1/4茶匙专用清洗粉，倒入无孔咖啡滤篮碗中（Blind filter basket，图6-23）。所用的清洗粉量

图6-23　无孔咖啡滤篮及滤碗

图6-24　专用清洗粉

图6-25　将装有清洗粉的咖啡滤碗与出水喷头组连接

图6-26　取下咖啡滤碗

（图6-24）不能超过一个硬币的厚度。一般不要使用过量的清洗粉。

第一步：将咖啡滤碗与出水喷头组连接（图6-25），按下煮制开关启动反冲洗周期，30秒即可。在反冲洗过程中不得离开机器，因为让机器长时间反冲洗运行会导致泵体损坏。

第二步：停止出水，但是不要取出咖啡滤碗。这段时间可以让清洁材料在出水喷头组里面产生泡沫。

第三步：启动气泵，让其再运行30秒。

第四步：关闭气泵，取下咖啡滤碗（图6-26），将水和清洁液体倒入接水盘（Drip tray）。

第五步：重新装上咖啡滤碗（图6-27），开机30秒后，将流出的水倒掉。重复反冲洗几次，直至流出清澈的水。

三、清洗咖啡滤碗

第一步：将咖啡滤碗从出水喷头组取下，再将无孔滤篮从咖啡滤碗里取出（图6–28）。

第二步：将意式蒸汽咖啡机专用清洗粉与0.6升热水混合。

第三步：将咖啡滤碗和无孔滤篮放入清洁液体中（图6–29）浸泡5 ~ 10分钟。千万不要将咖啡滤碗的手柄浸泡在溶液中，因为塑料手柄在液体中容易降解。

第四步：将无孔滤篮从咖啡滤碗里取出，用专用清洗布洗刷擦拭咖啡滤碗内部（图6–30）。

第五步：建议将咖啡滤碗在液体中浸泡一晚上。

若要快速清洁积垢较多的咖啡滤碗，可按以下步骤进行：

第一步：在金属罐中将意式蒸汽咖啡机清洁粉化成液体（1/4茶匙清洁粉兑0.3升热水）。

第二步：将无孔滤篮从咖啡滤碗中取出，一起放入金属罐。确保水位能够淹没滤篮和咖啡滤碗，但又不会浸泡到塑料手柄。

图6–27　重新装上咖啡滤碗，反复冲洗

图6–28　将滤篮从咖啡滤碗取出

图6–29　将咖啡滤碗和滤篮浸泡在清洁溶液中

图6–30　用专用清洁布擦拭咖啡滤碗

第三步：用蒸汽杆将清洁溶液加热，以便清除咖啡油、咖啡粉以及积垢。

第四步：将蒸汽杆对着咖啡滤碗用蒸汽清除，然后往下擦拭干净，再将咖啡滤碗在清水中完全洗透。咖啡滤碗以及滤篮上不能残留有咖啡机清洁粉的味道，否则在制作咖啡时味道会受到影响。

四、清洗蒸汽杆（Steamwand）

第一步：先用专用毛刷清洁蒸汽杆出汽孔（图6–31）的堵塞物。

第二步：将蒸汽杆放在含有清洁溶液的热水中（图6–32）浸泡5分钟，然后将水用蒸汽加热，以便清除附着物。最后用专用抹布将蒸汽杆擦拭干净（图6–33）。

五、清洗渗水盘（Drip tray）

第一步：取出渗水盘（图6–34），在水槽里进行彻底的清洗。

第二步：从意式蒸汽咖啡机放出约2升热水，用热水将渗水盘下面排水管里的咖啡粉渣冲洗干净。如果不把排水管冲洗干净就会导致积垢增多，排水管最终被堵塞。

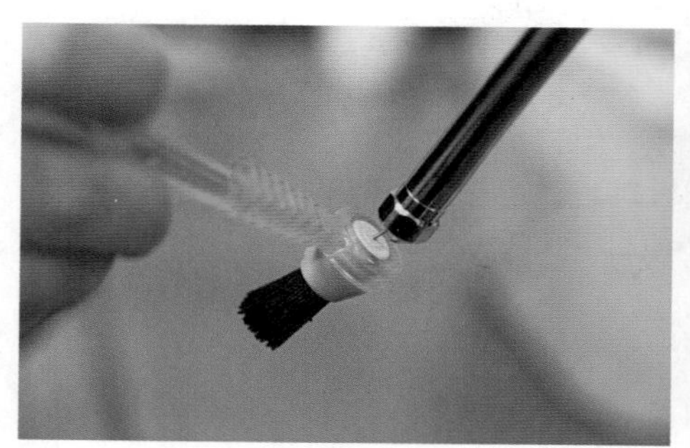

图6–31　清洁蒸汽杆的出汽孔

图6–32　将蒸汽杆放在含有清洁液的壶中

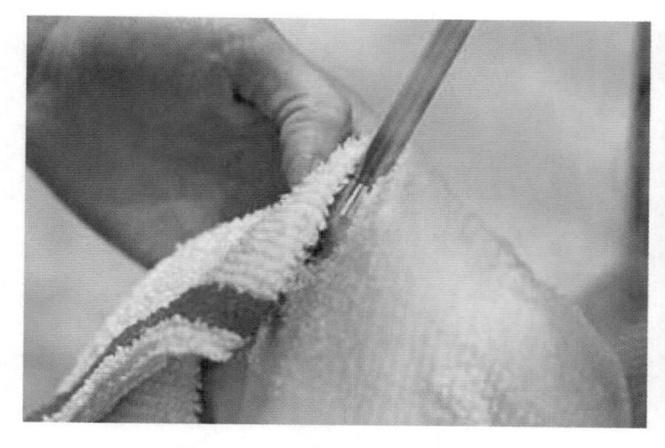

图6–33　用专用布擦拭蒸汽杆

图6–34　取出渗水盘

第三步：重新安装好渗水盘并将其归位，确保排水孔准确地与底部的排水盒连接。

六、给机器抛光

从上到下将机器的外部擦亮，千万不要使用化学清洁制品。将一块干净的抹布，用蒸汽杆喷出的蒸汽喷湿后即可使用，注意不要烫伤自己。不得使用粗糙的擦洗布或者其他粗糙的清洁工具（如钢丝球）来擦洗机器外部，因为这样容易刮伤机器的表面。

任务 7　意式浓缩咖啡粉的研磨

将咖啡豆研磨成粉末的目的是为了增加可以接触到萃取液体的咖啡固体物的总量。

一、意式浓缩咖啡为何需要非常精细的研磨粉

优质的意式浓缩咖啡之所以需要十分精细的研磨粉，其缘由很多。

① 可以形成表面极为特别的微粒，而这正是将大量的固体物从微粒表面快速冲洗掉的前提条件。

② 可以破开更多的微粒细胞，使得更多的大分子可溶物以及胶状物质转移到萃取的液体中。

③ 可以通过形成水进入细胞的更短的通道，加快咖啡粉被浸润的速度。

二、研磨机的性能

一般而言，应该尽可能使用最好的研磨机。一个频繁使用的普通研磨机可能会因为使用时温度过高而破坏咖啡的风味，或者会因为研磨粉的粗细不均匀而导致萃取不平衡。也就是说，劣质的研磨机造成的后果即使是再好的咖啡机也无法弥补。

研磨机最重要的特征是其锋利的磨刀。磨刀如果锋利就不会给研磨机的马达造成负担，也不会产生高温，研磨出的咖啡粉也会更加均匀。

三、研磨粉粗细（图6-35）的调整

如果制作意式浓缩咖啡时液体流出速度太快或者太慢，说明研磨粉有问题。可以按照下列方法进行调整。

① 在做出任何调整之前，确保咖啡的剂量和按压方法是正确的。

② 将研磨机粉舱里的残留咖啡粉清除掉，千万不要把残存的咖啡粉与新研磨的咖啡粉混合在一起。

③ 确保每次将研磨机微调一点，即使将旋转只调整了1~2毫米也会使萃取的时间改变许多。在决定做进一步的调整之前，可以先用刚刚研磨出的咖啡粉煮制几杯咖啡。

图6-35　用手指感觉研磨粉的粗细

任务8　意式浓缩咖啡粉的标准填装与分布

对意式浓缩咖啡粉实行标准填装和分布主要是为了确保每一杯咖啡的分量相同而且煮制出的咖啡在浓度、容积上得以统一。填装量的差异会导致咖啡的出液量不一致，而且咖啡粉在咖啡滤碗里的不均衡分布也会导致不均衡的萃取结果。咖啡师需要掌握的最重要技能之一就是每次都能够均匀地填装意式浓缩咖啡粉。

一、如何填装

具体填装实例如下。

① 将咖啡滤碗从意式咖啡机上取下。

② 在粉渣罐上磕出用过的咖啡粉渣（图6-36）。

③ 用干抹布将咖啡滤篮擦拭干净，如果里面有水就会加快咖啡粉在底部结块。

图6-36　将用过的粉渣磕到粉渣盒中

确保滤篮的孔洞没有堵塞。

④ 启动研磨机。如果研磨机的速度很慢，就应该预先开启研磨机。

⑤ 在反复拉动咖啡研磨粉释放杆的同时转动咖啡滤碗，以确保咖啡研磨粉尽可能在滤篮里均匀分布。

⑥ 咖啡研磨粉达到足够分量时即可关闭研磨机。

⑦ 当咖啡滤碗里的咖啡研磨粉达到理想分量时即可停止填装（图6-37）。所谓理想的分量是指煮制一杯咖啡的最佳分量。多出的研磨粉在刷扫时可以清除，每一杯的填装量应该保持一致。

二、意式浓缩咖啡粉的填装方法

不管使用哪一种填装方法，每次拉动压杆时释放少量咖啡粉比每次拉动压杆时释放大量咖啡粉更容易获得均衡的分布。在繁忙的咖啡厅，可以采用高效的填装方法。

① 馅饼切块式填装法：把圆形的咖啡滤碗想像为切成了多个三角楔块的馅饼（图6-38）。填装时，将每个楔块填满后再填装邻近的楔块，转动咖啡滤碗。

② 堆层法：先在咖啡滤碗里填装少量的咖啡粉，同时连续转动咖啡滤碗，以便形成均衡的一层咖啡粉。重复该程序在第一层咖啡粉上面形成第二层，第三层直至达到理想的填装量。

三、填装技巧（图6-39，图6-40）

① 将咖啡滤碗从出水喷头组移开之前即可开启研磨机。

② 用干净的干布擦拭咖啡滤篮，检查确认咖啡粉陈垢是否已经被清除。

③ 关掉研磨机。

④ 拉下研磨机的填装压杆，在将压杆送回原位前略为停顿一下。

⑤ 咖啡滤篮里的咖啡粉装至一半时，轻轻地将咖啡滤碗在搁架上磕一下即可

图6-37 从研磨填装一体机上填装

图6-38　馅饼式填装法

图6-39　在有搁叉的研磨机上填装

图6-40　在有搁架的研磨机上填装

将咖啡粉铺平。

⑥ 继续填装，可以略为多装一点。

四、抹平技巧

将咖啡滤碗斜靠在填装罐的边上，确保咖啡引流嘴朝外，用专用抹平工具（图6-41，图6-42）、干净的不锈钢餐具或者干净的手指

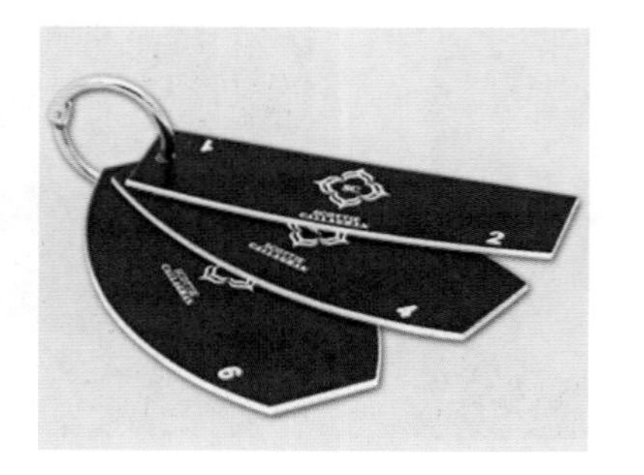

图6-41　三件套专用抹平工具

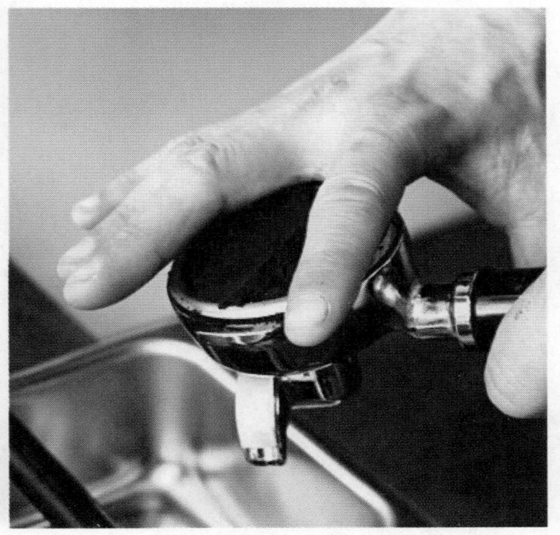

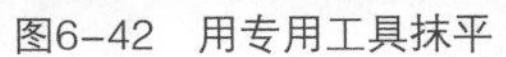

图6-42　用专用工具抹平

图6-43　用手指抹平

（图6-43）将多余的咖啡粉顺着滤篮的边缘刮入填装罐里。

任务9　压紧

压紧是为了使咖啡粉在咖啡滤碗里分布更加均衡，使咖啡滤碗里的咖啡表面更加整齐，并消除咖啡粉里存在的大面积空洞。而且压紧过程中还可以让咖啡师对填装量、咖啡粉的分布、咖啡粉的研磨状况有一个清晰的了解。

一、需要压多紧

与通常的理解相反的是，压得紧或者压得松造成的液体流速上的差异实际上都很小。一旦咖啡粉被以足够的压力压紧并排除了较大的空洞之后，再施加额外的压力也不会对咖啡的萃取质量和流速产生多大的影响。主要原因如下：

① 压紧所产生的某些或者全部压力在咖啡粉粒被浸湿后会立即释放掉。

② 咖啡师在压紧时的压力约为30千克，与咖啡萃取时咖啡机里热泵产生的250千克的压力相比就微乎其微了。

其实，如果压得太紧也并没有什么明显的好处，轻轻按压的理由有两个：一是不会让咖啡师的手腕和肩膀有过多的压力；二是可以让咖啡师更容易把咖啡粉压平。

二、压紧技巧

在将咖啡滤碗卡入出水喷头组之前将咖啡粉压紧非常重要，这样可以形成一块压缩的咖啡饼以有助于控制咖啡的萃取。

① 将压锤的平面放在填装好的咖啡上面。

② 保持压锤的平稳以保证咖啡滤篮里的咖啡粉不会歪斜。

③ 用大约18千克的压力按下压锤，大拇指和食指配合保持平衡。肩膀发力，而不仅仅是用力。

④ 拔出压锤后，再一次用大约5千克的压力将咖啡粉的表面压平（图6–44）。

⑤ 咖啡滤碗装入机器之前，将咖啡滤篮边缘以及手柄、咖啡引流槽口上的咖啡粉渣擦拭干净（图6–45）。

任务10 意式蒸汽咖啡机加热打泡牛奶

制作意式咖啡时少不了要加热的牛奶。若要形成丝般润滑的牛奶，必须要有

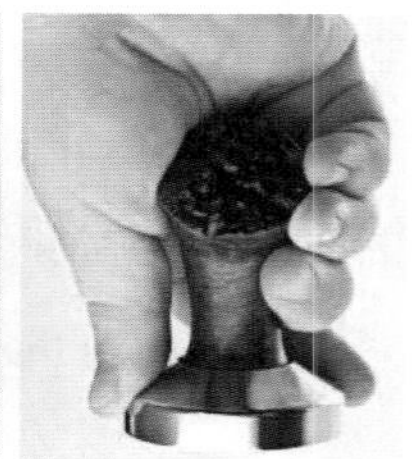

图6–44 正确的压紧及握锤动作

图6–45 将咖啡滤碗周围的粉渣清除

图6–46 用蒸汽冲洗牛奶加热罐

十分精细的微小泡沫来增强其密度和质感。牛奶越是黏稠、润滑，感官性就好，咖啡的味道就越好。把牛奶加热到合适的温度，可以让客人在享受咖啡美味的同时又不会把嘴烫伤。

如何用蒸汽加热牛奶

牛奶加热有两个阶段：一是舒展牛奶使其充满气体；二是冲转牛奶使其变得丝滑。

① 先用蒸汽冲洗专用的牛奶加热罐（图6–46），再将新鲜的冷牛奶倒入牛奶加热罐至一半位置（图6–47，图6–48）。

② 快速开启和关闭蒸汽阀门以便清洗蒸汽杆的出汽孔，清除里面可能残留的冷水。

③ 将蒸汽杆的出汽杆头从正中间插入牛奶加热罐（图6–49）。

④ 一只手握住牛奶罐的把手，另一只手将蒸汽阀开启后随即也托住奶罐，并监控牛奶的温度变化（图6–50）。如果能够听到轻轻的“嗞嗞”声，就表明蒸汽杆在奶罐里的位置正好。

图6–47 牛奶加热罐的分段示意图

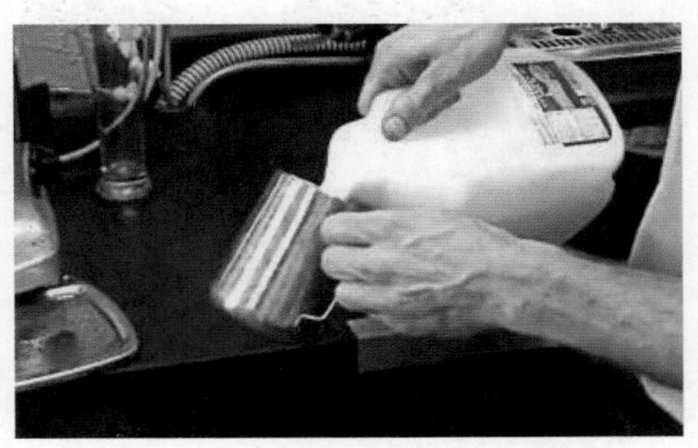

图6–48 将鲜牛奶倒入加热罐

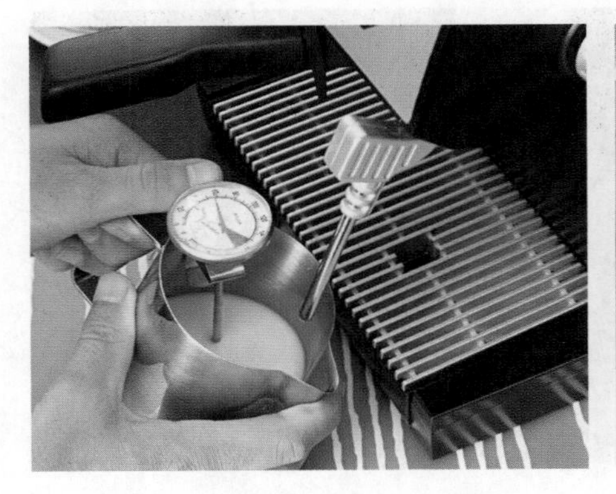

图6–49 将蒸汽杆插入牛奶加热罐

图6–50 开始加热

⑤ 随着牛奶位置的上升（图6–51），要相应地降低奶罐的高度，这样蒸汽杆的杆头就会始终正好被牛奶盖住。在牛奶达到温热的时候，可将蒸汽杆的杆头略微进深一些，以便终止“嗞嗞”声，同时开始加热程序。

⑥ 略微倾斜一下奶罐的把手，将蒸汽杆从奶罐的中心移开（图6–52），以便牛奶开始旋转。

⑦ 当温度计指针接近红色区域时，用指尖碰一下奶罐的罐壁。如果奶罐烫得不能碰的话，便可以关闭蒸汽阀门（图6–53），但是蒸汽杆仍然放置在奶罐里。

⑧ 移开奶罐（图6–54），清洗蒸汽杆的出汽孔。用专用的蒸汽杆清洁布擦拭蒸汽杆杆身（图6–55）。

⑨ 在工作台上重重磕几下奶罐（图6–56），以便清除一些大的泡沫。快速转动奶罐让牛奶在奶罐里面旋转，待牛奶出现润滑亮泽的外表后继续旋转牛奶，直到牛奶全部混合而且光泽十分明显为止，这时候的牛奶看上去像未干的湿油漆。

⑩ 立即倒出牛奶（图6–57）。如果不能迅速倒出牛奶，打好泡沫的牛奶会迅速分离，奶罐里的牛奶会出现不一致的外观。

图6–51　牛奶被加热后位置上升

图6–52　蒸汽杆从奶罐中心移开

图6–53　及时关闭蒸汽阀

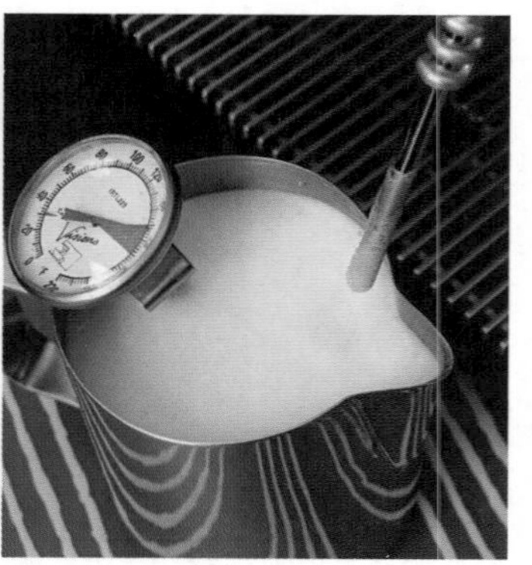

图6–54　将奶罐移开

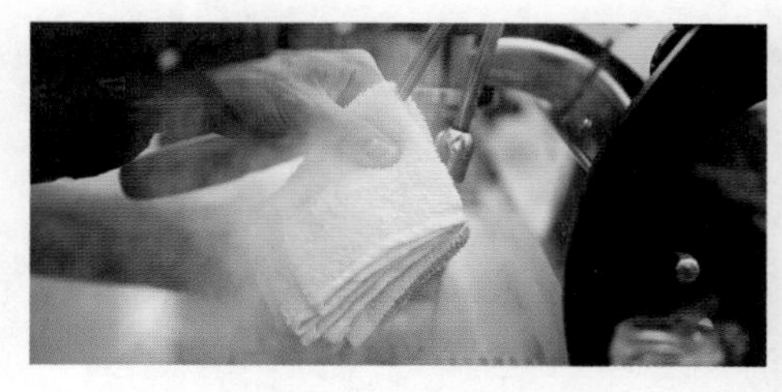

图6-55　用清洁布擦拭蒸汽杆

图6-56　在台面上磕奶罐

图6-57　将加热打泡后的牛奶倒出

【在下面空白处写下你学习本专题时的实践记录和体会】

项目七

常见意式咖啡的制作

学习目标

通过本项目的学习，你可以了解和掌握几种常见的意式咖啡制作方法，为制作更多花样的意式咖啡打下基础。

学习注释

■ 学习内容

任务1　意式浓缩咖啡（Espresso）

意式浓缩咖啡的外文名称为Espresso。Espresso源自拉丁文，原意是“放在压力下”，在意大利语中是“快速”的意思。意大利人在19世纪发明了第一台意式蒸汽咖啡机，其特征是利用蒸汽压力，在高温以及8～9个大气压力下瞬间将咖啡精华萃出。一杯意式浓缩咖啡的品质如何要看其表面是否漂浮着一层厚厚的棕红色的油亮泡沫,这种咖啡油沫在意大利语里叫作crema。制作高品质的意式浓缩咖啡是一种艺术，需要细心琢磨和大量实践，而掌握意式浓缩咖啡的制作方法又是制作其他多种意大利咖啡的基础。

意式浓缩咖啡的制作流程

（1）配料：意式浓缩咖啡研磨粉、纯净水

（2）制作步骤：

第一步：多了解不同的烘焙咖啡豆，因为意式浓缩咖啡可以采用不同烘焙级别的咖啡豆制作（图7–1）。地区不同也会有不同的烘焙偏好。意大利北部比较喜欢中度的烘焙咖啡豆，而意大利南部则更喜欢深色程度的烘焙咖啡豆。在美国，用于制作意式浓缩咖啡的烘焙咖啡豆颜色往往比较黑，因为将意式浓缩咖啡引入美国的多数公司都受到了意大利南部咖啡馆的影响。

第二步：确保新鲜。咖啡豆的新鲜度至关重要。离咖啡烘焙的日期越近越

图7–1　选择咖啡豆是制作意式浓缩咖啡的前提

图7–2　注意罐装咖啡包装底部的生产日期及保质期

好，最多不要超过烘焙日期的三个星期（图7-2）。

第三步：自己研磨咖啡粉。最好不要使用廉价的、刀片式电动研磨机，因为这种研磨机会使咖啡粉被“烧焦”。如果自己没有优质的意式浓缩咖啡研磨机，可以直接在经销商处购买后现场研磨。咖啡粉如果太粗就难以压紧，水流会快速通过，煮出的咖啡味道也会很淡；如果咖啡研磨粉太细，又会压得太紧，导致水流缓慢，煮制的时间过长，煮出的咖啡会带苦味。

第四步：采用不含矿物质或者污染物质的纯净水（图7-3）。水温达到90℃即可，千万不要用100℃的开水。因为开水会阻止咖啡的萃取过程；水温不足也会导致咖啡的萃取不彻底。

第五步：准确地填装咖啡研磨粉（图7-4，图7-5）。通常制作一份意式浓缩咖啡（约30毫升）需要7克咖啡粉。

第六步：压紧咖啡粉（图7-6）。如果研磨粉比较粗松，压力一定要大一些，如果研磨粉较细，压力可以小一些。

图7-3　只有纯净水才能制作出味道醇美的咖啡

图7-4　用机器填装研磨咖啡粉

图7-5　手工填装研磨咖啡粉

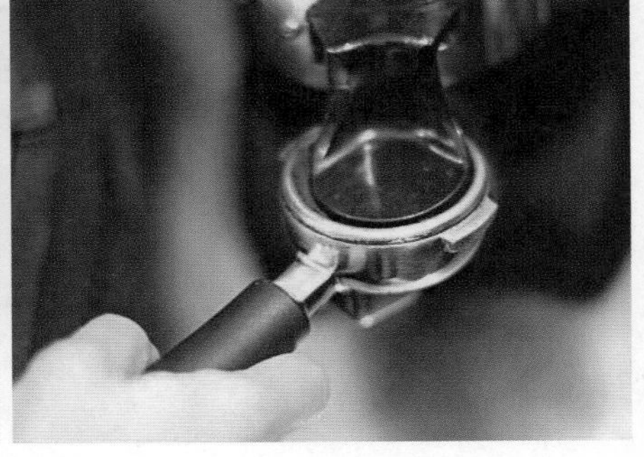

图7-6　压紧咖啡粉

图7-7　将咖啡滤碗与出水喷头组卡紧

图7-8　一份意式浓缩咖啡即可在20秒内完成

图7-9　意式浓缩咖啡表面的油沫已经形成

第七步：将咖啡滤碗与咖啡机的出水喷头组卡紧（图7-7）。咖啡滤碗下方放置意式浓缩咖啡杯。按动相应的按钮，意式浓缩咖啡即可在20秒左右制作完成（图7-8）。做好的意式浓缩咖啡有一层棕黄色的泡沫状咖啡油（图7-9）。

任务2　卡布奇诺咖啡（Cappuccino）

由于卡布奇诺上的牛奶泡沫帽酷似卡布基诺教会的修士所穿的外衣上的帽子，故由此得名。标准的卡布奇诺一般是最底层为意式浓缩咖啡，中间层是牛奶，上层是牛奶泡沫，三者各占三分之一，因此也叫奶泡咖啡。卡布奇诺虽然少了些Espresso的苦味，但多了牛奶泡沫的香醇滋味，这使得卡布奇诺拥有更容易被接受的口味。

卡布奇诺咖啡制作流程

（1）配料：咖啡、纯牛奶。

（2）制作步骤

第一至七步同意式浓缩咖啡的制作步骤一样。

图7-10　用蒸汽加热打泡牛奶

图7-11　将打好的牛奶倒入装有意式浓缩咖啡的杯中

第八步：牛奶加热打泡（图7-10）为了便于产生大量的牛奶泡沫，最好使用全脂牛奶。

第九步：将打成泡沫的牛奶倒入杯中（图7-11）。先将牛奶加热壶在工作台面轻轻磕几下，以便消除大孔径的气泡。随后转动壶中的牛奶以便形成密实且丝滑的泡沫。往意式浓缩咖啡杯中倒入牛奶时需要摇动壶身，先倒入泡沫下面的牛奶，最后倒入牛奶泡沫（图7-12）。这样，一杯卡布奇诺即完成。饮用前，可在牛奶泡沫的表面撒上巧克力粉。

图7-12　将牛奶泡沫加在最上面

任务3　拿铁咖啡（Latte）

拿铁咖啡，源自意大利语caffe latte，原意为“咖啡+牛奶”，是一种以蒸汽加热的牛奶与意式浓缩咖啡混合调制而成的经典咖啡饮品。意式浓缩咖啡占三分之一，加热牛奶占三分之二，另加约1厘米厚的泡沫。有经验的咖啡师都会用加热牛奶在咖啡中拉出美妙的图案。

一、拿铁咖啡的拉花艺术

自由式拿铁咖啡拉花艺术的成功取决于精美的意式浓缩咖啡、质感丰富的牛奶以及咖啡师在咖啡饮品表面设计出精美绝伦艺术作品的技能。拿铁咖啡的拉花艺术具有突出意式浓缩咖啡与牛奶的绝对完美之优点。同时，拿铁咖啡拉花可以增强咖啡饮品的视觉及味觉诉求，从而使得咖啡师的技艺和激情彰显无遗。当然，拿铁咖啡拉花艺术既是咖啡饮品视觉展现难度最大，也是令人印象最深刻的部分。

制作拿铁咖啡拉花的技艺需要一定时间的操练才能掌握，既取决于咖啡师制作质感细腻牛奶的能力，也依赖于咖啡师在倒牛奶时的掌控技巧。

拿铁咖啡拉花的制作技巧如下。

（1）倒牛奶的技巧　拿铁咖啡拉花看上去是二维的，实际上却是一种三维的艺术形式。制作时，咖啡师利用地心引力以及流体力学原理来控制牛奶与意式浓缩咖啡在整个杯子里面而不仅仅是在杯子表面的结合方式。往咖啡杯里倒牛奶有三个特别的阶段（图7–13）：首先，让牛奶和微孔泡沫（奶泡）下沉到意式浓缩咖啡的下面；其次，形成一个能将咖啡油沫的表面张力分开的白色圆点；第三步就是制作出能够停留在咖啡饮品表层的图案。在牛奶加热并形成泡沫时，实际上是形成了液体牛奶的临时悬浮和奶泡。一旦蒸汽形成的涡流停止，悬浮的牛奶就会开始下沉，因为液体牛奶都会比较重，容易沉到杯底。而奶泡则比较轻，因此会升到表层。转动牛奶壶可以使牛奶悬浮的时间更长。

第一阶段：在倒牛奶的第一阶段，也就是从开始倒的那一刻直至咖啡饮品的表层达到咖啡杯的大约一半这个阶段，要尽量将牛奶和奶泡滑入意式浓缩咖啡的

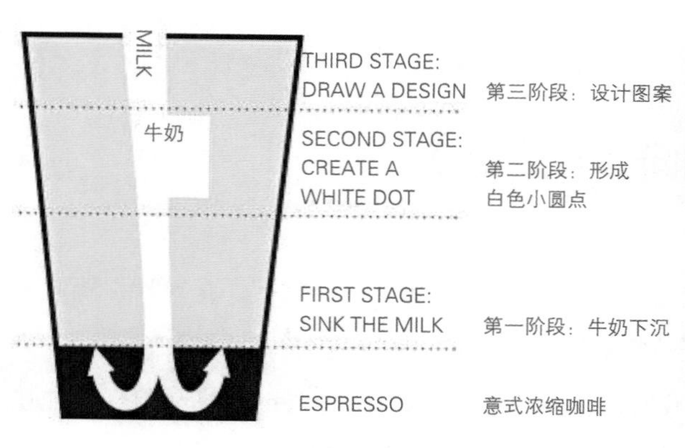

图7–13　拿铁咖啡拉花的三个阶段

图7–14　第一阶段：将牛奶沉入底部

下面，同时使咖啡油沫上浮，以便为拉花设计形成一个深色的背景。意式浓缩咖啡本身是被一层具有表面张力的咖啡油沫所覆盖。如果倒牛奶的动作慢而平缓，牛奶就会滑入咖啡油沫底下，但又不破坏其张力。

在这一阶段，要力求将液体牛奶和奶泡沉到咖啡油沫的下面（图7–14）。端着的牛奶壶应该离咖啡液体的表面至少10厘米。这样的话，牛奶就会有一种下沉的速度，而不是在咖啡上面漂浮。当然，当牛奶冲击到杯子的底部时就会被反弹回来，从而搅动咖啡。

如果倒牛奶时的速度较慢而且平缓，其反弹也会很平缓。如果倒的速度很快，杯子里面就会产生较强的涡流。而这种涡流就会突破表层的咖啡油沫，并将其冲散。因此，若要使牛奶和奶泡下沉又不会破坏深色的背景，就需要利用牛奶罐突出的芽状小口十分平滑且稳定地将牛奶倒出，距离保持在离咖啡表层10厘米。

第二阶段：在倒牛奶的第二阶段，也就是在牛奶倒至咖啡杯的一半或者三分之二位置时，需要突破咖啡油沫的表面张力，以便为图案设计腾出空间。具体做法就是先倒出一个白色的泡沫圆点（图7–15），让其从咖啡油沫底下往上翻泡，从而冲破咖啡油沫表层。为了更容易形成白色圆点，需要将牛奶壶突出的小口尽可能接近咖啡杯中液体的表面，然后倒入一团牛奶。这个白色的圆点会向设计图案的四周扩散，为设计图案留出空间。

在这一阶段，牛奶与奶泡分离。液体牛奶会下沉，但是由于牛奶壶突出的小口十分接近咖啡液体的表面，奶泡不再具备足够下沉到底部的速度。相反，奶泡会在表层以下反弹并突破表层的束缚。如果是将牛奶倒入一只透明的玻璃杯，就可以看到牛奶和奶泡分离的位置。一旦表面张力被打破，即可以倒入涓涓细流般的奶泡来形成设计图案。

第三阶段：设计图案。在倒牛奶的第三阶段，也就是从牛奶倒至咖啡杯的三分之二位置开始直至倒满，需要将牛奶壶突出的小口尽可能接近咖啡杯中液体的表面，以便让奶泡浮在咖啡液体的上面。在缓慢倒入少量的牛奶的同时完成图案设计（图7–16）。

图7–15　第二阶段：形成白色小圆点

在制作完成的拿铁咖啡中，包含了牛奶、奶泡以及意式浓缩咖啡。整个饮品会有一种天鹅绒般的丝滑质感。在其液体表面，

图7-16　第三阶段：设计图案

图7-17　正确的握壶和端杯姿势

薄薄的一层深色咖啡油沫与白色的奶泡共同组成一幅优美光滑的图案。

（2）牛奶壶的掌控　倒牛奶的单个动作瞬间即逝，因此很难有时间照着具体的说明去做，倒牛奶其实是一种肌肉活动的技巧。为了能够完成品质一致的拿铁咖啡拉花，需要反复操练直至肌肉形成记忆。我们可以从基本的拉花工具——牛奶壶开始练习。

若要握紧牛奶壶，需要将四根指尖捏住牛奶壶的把手，指尖朝手掌弯曲，拇指尖放在把手的顶部，以便控制牛奶壶的前后运动。牛奶壶的把手应该紧紧地夹在指尖与指身中（图7-17）。可以用一个空的或者装了水的牛奶壶来练习基本的倒牛奶动作（图7-18），包括垂直动作、流量控制以及咖啡杯的倾斜。练习垂直动作时，需要用整个手臂的力量将牛奶壶端到咖啡杯上方15厘米的位置，然后下垂直至几乎接触到咖啡的液体表面。

练习流量控制时，可以利用手腕的力量将牛奶壶的背部抬高、下垂。当牛奶壶的背部抬高时，液体会流得更快，而且会更稠。当牛奶壶的背部下垂时，液体会流得较慢，而且会更稀（图7-19）。

练习咖啡杯倾斜时，先将咖啡杯杯口朝上做上下直线运动，牛奶壶位于杯沿上方约30厘米处。在倒液体时，将咖啡杯向牛奶壶倾斜，以便牛奶壶的壶嘴能够进入咖啡杯，并尽可能靠近倒入的液体表面。

最后，可以尝试将这三个基本的动作组合成一个连贯且完整的动作。比如，可以在将牛奶壶倾斜的同时将牛奶壶抬至咖啡杯上方约15厘米处，或者在减缓流量时将咖啡杯往前倾斜。.

拿铁咖啡拉花中最棘手的技巧就是用牛奶壶的壶嘴画出图案设计。尽管可以空着练习，但是最终唯一的办法还是要反复地进行真实的练习才能够完成一个拿

图7-18　倒牛奶动作分解示意图

图7-19　牛奶壶不同高度的效果示意

铁咖啡拉花设计。

练习绘制8字形或者小圆圈时要格外注意。因为这些设计会第二次覆盖到原有的图案上，将其压沉下去。还要注意摇动牛奶壶的节奏——可快也可以慢，但是必须平缓，并且与牛奶壶里牛奶的前后运动同步。在这一过程中，重要的是要让手、手腕以及手臂保持放松且平稳，从而保证流出的牛奶不是很浓稠，能够使拉花设计更清晰。

二、如何倒出白色小圆点

在能够创作出美妙的牛奶拉花之前，需要学会倒出白色的小圆点。对于心形图案，白色的小圆点是设计的主体。对于叶片以及其他复杂的设计图案，白色的小圆点能够打破咖啡油沫的表面张力，这样可以使设计出的图案正好位居其中。用牛奶在咖啡表面设计图案时，手臂一定要放松，但注意力要集中。

具体步骤如下。

第一步：用一只手握住装有牛奶的壶，另一只手握住装有意式浓缩咖啡的杯子，杯口朝上。

第二步：将牛奶壶端至离咖啡杯口上方2.5～4厘米的位置。

第三步：开始将牛奶倒入咖啡杯的正中心。倒出的牛奶必须缓慢而流畅，粗细略小于一根吸管的直径。牛奶应该平滑地沉到咖啡油沫的底下，而不是在表面扩散。

第四步：在靠近咖啡杯口倒牛奶时，要保持咖啡杯与牛奶壶间相对位置的绝对稳定，牛奶流速缓慢而舒展。

第五步：在缓慢倒入牛奶时，不需要腕部和手的任何运动，这时就可以在咖啡油沫的中心看到一个白色的泡沫状圆点。这个白色的小圆点可以一直保持其直径不变，也可以扩散至杯口直径的三分之二，主要取决于牛奶的质地、咖啡杯的大小以及倒牛奶的速度。

第六步：将这一练习重复几次。要注意，牛奶加热的方式以及倒牛奶的技巧都会影响到白色小圆点的形状和大小。

三、如何制作心形图案

柔和的心形图案是一种比较简单而有吸引力的设计。很适合于含有摩卡牛奶的咖啡饮品，因为即使是牛奶的质感不强，没有光泽，也可以做出一个很清晰的心形图案。环状心形的定义略多些，而且是制作叶片图案的基础。柔和的心形只是一个中间有一条直线穿过的白色小圆点，而环状心形图案则是以做成叶片图案的摇动动作完成的。

（1）柔和心形图案制作步骤（图7–20）如下。

第一步：先在咖啡杯的中央倒出一个白色的小圆点。

第二步：杯中液体表面快接近咖啡杯的边缘时，用牛奶在整个小圆点上画一条直线，横贯圆点直至另一边。画线时，需要朝上做一个勾舀的动作，同时将牛奶壶往上提，并通过向前的动作使牛奶流量变细。画出的白线也会将白色小圆点的外边带起一些，即一端凹进，另一端突出。

第三步：柔和的心形制作完成。

（2）环状心形图案制作步骤（图7–21）如下。

第一步：先在咖啡杯的中央倒出一个白色小圆点。

第二步：杯中液体表面离咖啡杯口边沿约1.5厘米时，开始轻轻摇动牛奶壶。

图7-20　柔和心形图案制作图

图7-21　环状心形图案制作图

摇动牛奶壶时，需要将牛奶壶的壶嘴保持在同一位置，但要将牛奶壶的把手紧紧地握在手指和手掌中间。通过将牛奶壶嘴保持在咖啡杯的正中央，可以使倒出牛奶的波纹状曲线紧紧地串在一起。

第三步：杯中液体表面快接近咖啡杯口边沿时，将牛奶横贯整个杯口画一条直线，使直线直接穿过心形图案的中央。在画直线的时候，需要做一个向上勾舀的动作，并同时将牛奶壶上提，使倒出的牛奶量变小。

第四步：按照以上步骤，就可以形成一个同轴的环状心形。如果细看，能够看到原来的白色小圆点的残余部分在完成的心形图案周围已经形成了保护圈，在咖啡油沫表层中拓展了空间。如果倒出一条条的奶泡有困难，一定要确保牛奶壶的壶嘴尽可能与咖啡杯接近。

四、如何制作树枝（Rosetta）和树叶图案（Inverted rosetta）

若要制作出优美的树枝或者树叶，必须熟练掌握拿铁咖啡拉花艺术的所有基本技巧。一旦学会了制作树叶，就可以尝试制作不同的树叶变形图案，比如曲边树叶、多重树叶或者是树叶与心形图案的组合设计。在倒牛奶时，要确保手、手腕以及手臂放松，倒出的牛奶应该是涓流状，而且流量稳定。这一技巧需要反复练习和实践。

（1）树叶图案制作步骤如下。

第一步：先在咖啡杯的中央倒入牛奶形成一个小的白色圆点（图7–22）。

第二步：圆点形成后，即可通过握紧牛奶壶的把手轻轻地左右摆动牛奶壶（图7–23）。

第三步：为了使倒出的牛奶流速稳而缓慢，可以将牛奶壶置于咖啡杯子的顶部并左右摆动，牛奶壶的壶嘴尽可能接近咖啡液体的表面（图7–24）。

第四步：在牛奶壶离咖啡杯尚有2.5厘米距离时，可以将牛奶壶从中心位置移开，但是要保持摆动的动作。

第五步：减少倒出的牛奶量，同时在图案设计快完成时将牛奶壶略微抬高（图7–25）。

第六步：将牛奶壶抬至咖啡杯的上方，一次性地在图案中央画一条牛奶直线（图7–26）。

第七步：至此，树枝图案成功完成（图7–27）。

图7–22　倒入牛奶形成白色圆点

图7–23　轻轻地摆动牛奶壶

图7–24　将牛奶壶嘴尽可能接近咖啡液体表面

图7–25　将牛奶壶略微抬高

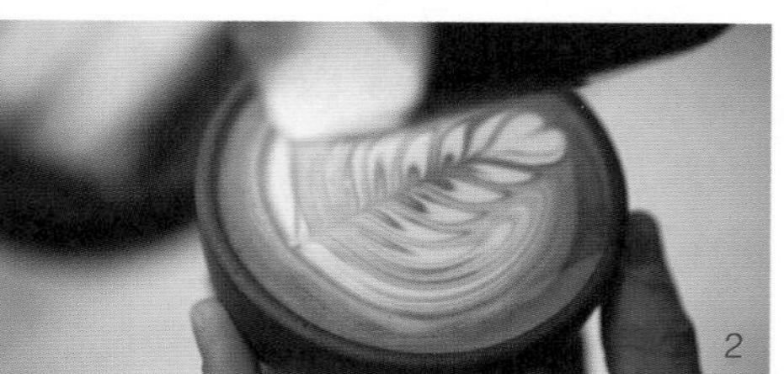

图7–26　在图案中央画一条牛奶直线

（2）树叶图案制作步骤如下。

制作树叶图案的步骤（图7-28）与制作树枝图案基本相同，只是在图案中央画线之前需要将咖啡杯换个方向，让白色牛奶图案的圆边朝内，尖的一边朝外，在图案的中央从内向外画线。

图7-27　完成图

图7-28　树叶图案制作图

五、拿铁咖啡拉花过程中常见问题的处理

若要制作出完美的拿铁咖啡拉花，需要不断的操练。这是一种需要凭感觉和悟性去学习和掌握的复杂技能。因此，即使一下子做不出好的作品也不要泄气。当然，有些常见的失误是可以避免的。

如果牛奶太稀（空气不足），就难以形成白色小圆点或者泡沫图案。

如果牛奶太稠（空气太多），倒牛奶时会黏糊糊的。

如果一次完成几个动作，很容易混淆何时该放慢或加快倒牛奶的速度。若是希望放慢倒牛奶的速度，或者要使倒出的牛奶稀薄，可以将牛奶壶的后部下垂。

如果要制作一个白色的小圆点，形成一个图案，牛奶壶的尖嘴需要尽可能地靠近咖啡液体的表面，近乎碰到。千万不要把牛奶壶移走，而是要让牛奶壶嘴和咖啡杯尽可能相互靠近。一旦可以看到白色的小圆点时，即可以开始设计图案。牛奶壶嘴不要前后跳动。图案设计是从白色小圆点中间往外延伸。

不要把牛奶壶摇动得太快或太慢。摇动手腕时可以将指尖轻轻地挤入掌心，不要挥动整个手臂。通过牛奶壶的摆动控制速度。

六、借助其他工具辅助完成的创意拿铁咖啡

创意拿铁咖啡是在拿铁咖啡拉花艺术的基础上完成的更具艺术创作特色的咖啡饮品。制作创意拿铁咖啡在英语中叫作etching，有着雕饰之意，与自由式的拿铁拉花艺术有一些区别。

两种风格的拿铁咖啡中最大的区别就是，自由式拿铁拉花技术是在往咖啡里倒牛奶时采用，而雕饰技术则仅在牛奶倒完之后采用，要求咖啡师有较高的艺术设计和创意及手绘能力，同时还要借助于多种小工具、模框、可可粉、抹茶粉、焦糖糖浆、巧克力糖浆等辅助完成（图7–29）。

雕饰被认为是较为简单的艺术形式，因为不需要像自由式倒牛奶那样需要很多的技巧。若要掌握自由式倒牛奶的技巧，意式浓缩咖啡和牛奶泡沫需要具备很高的品质。因此很多人认为对拿铁咖啡进行雕饰不是真正的拿铁艺术，因为这种咖啡不能保证像自由式拿铁拉花过程中那样品质统一。相反，雕饰可以用在制作品相很差的咖啡作品上，就像化妆一样。通过雕饰工艺完成的拿铁艺术设计往往比自由式拿铁拉花工艺制作出的咖啡褪色更快，因为泡沫会迅速在咖啡中解体。因此，咖啡师会将两种工艺结合起来形成一种别致的设计（图7–30）。

制作时，咖啡师会用一根竹签、牙签或者任何细长的工具来辅助设计图案以及理想的模式。比如，一种叫作“蜘蛛网”的雕饰图案就很简单（图7–31）。先在咖啡液体的表面倒出两个或者更多的焦糖糖浆或者巧克力糖浆圆圈，然后利用牙签这样的工具将糖浆圆圈自杯子的中心向外拖即可完成。如果需要达到更加详细的效果，可以用牙签先从中心向外画线，再由外向中心画线。

图7-29　进行创意拿铁咖啡雕饰

图7-30　创意拿铁咖啡雕饰图例——Hello Kitty猫

图7-31　创意拿铁咖啡雕饰图例——蜘蛛网

任务4　摩卡咖啡（Caffè Mocha）

摩卡咖啡（Caffè Mocha）是美国人的发明，其实就是拿铁咖啡的一种变形。意大利和法国都不用摩卡咖啡（Coffe mocha）这种表达法，而是叫作“摩卡拿铁”（Mocha latte/Moka latte）。摩卡咖啡含三分之一的意式浓缩咖啡、三分之二的蒸汽加热牛奶，另加少量巧克力或者牛奶巧克力。摩卡咖啡的表层既可以覆盖牛奶泡沫，也可以使用起泡奶油。

（1）配料：鲜冷牛奶、现磨咖啡粉、水、巧克力粉或者巧克力糖浆。

（2）制作步骤如下。

先在咖啡杯底倒入巧克力糖浆或者巧克力粉，其余的步骤与拿铁咖啡的制作

图7-32 用巧克力糖浆文字装饰的摩卡咖啡

步骤相同。在做好的摩卡咖啡表面的牛奶泡沫或者起泡奶油上面可以撒上巧克力糖浆、肉桂粉、可可粉，也可以放几粒棉花糖做装饰（图7-32）。

知识链接

— 如何清除咖啡污渍 —

大致每隔两周，与煮制咖啡有接触的所有器具都应该用热水与少量的清洁剂进行清洗。咖啡油仅用水洗是不能完全清除的，因此每次使用后如果未能过水清洗就需要经常用清洗剂清洗。多数品牌的清洁剂都会产生大量的泡沫，因此使用时滴几滴就足够了，否则清洗完毕后需要反复过水。同样，清洗剂的气味持久性比醋更强，因此需要彻底过水清洗。清洗过程中，加几茶匙小苏打可以增强清洁效果。

对于那些可以完全泡在水里的器具可以装满清洁溶液，先浸泡15～20分钟后再彻底清洗。如果是特别脏的器具在溶液中浸泡的时间可以更长（几个小时或者一个晚上），有的在清洗后可能还得再浸泡一次。

新一代的氧基清洁剂在清洁咖啡污渍方面效果特别好，尤其是清除布质过滤网上的污渍。但是这种清洁剂会污损塑料、铝质表面，也可能会损坏金属过滤网的微孔。只有那些直接与咖啡液体接触的器具可以用这种方式进行清洁。比如，自动滴漏式咖啡机的水加热舱仅需要除垢，不需要添加清洁剂，因为过水太麻烦，一旦清洗不干净，煮出来的咖啡会总有肥皂味。

【在下面空白处写下你学习本专题时的实践记录和体会】

项目八

其他咖啡的制作

■ 学习目标

通过本项目的学习，你可以了解和掌握更多咖啡的制作方法。

■ 学习注释

■ 学习内容

任务1 热咖啡

咖啡只有通过高温才能萃取其精华，而且热饮咖啡的绵香更浓厚。

1. 玛琪亚朵咖啡（Caff è Macchiato）

玛琪亚朵咖啡就是在意式浓缩咖啡上覆盖一层牛奶泡沫，以保持咖啡的温度。因此，玛琪亚朵咖啡既不是卡布奇诺也不是拿铁。

（1）配料：牛奶、意式浓缩咖啡。

（2）制作步骤如下。

第一步：准备意式浓缩咖啡（步骤与制作意式浓缩咖啡相同）

第二步：牛奶加热打泡（步骤与制作拿铁咖啡时牛奶加热相同）

第三步：将少量牛奶泡沫倒入装有意式浓缩咖啡的杯中，注意倒在正中心即可（图8-1）。

2. 阿美瑞卡诺咖啡（Caffe Americano）

阿美瑞卡诺咖啡，也可以写作 Cafe Americano，是一种通过往意式浓缩咖啡中加热水制作而成的意式咖啡，有人也把这种咖啡叫做“美式咖啡”（图8-2，图8-3）。在第一次世界大战和第二次世界大战期间，意大利咖啡师喜欢用这种方法为驻扎在意大利的美国士兵制作类似于滴漏咖啡壶煮制的咖啡。若要制作出地道的阿美瑞卡诺咖啡，必须按照特定的顺序添加配料。

图8-1 覆盖了牛奶泡沫的玛琪亚朵咖啡

图8-2 用玻璃杯装载的阿美瑞卡诺

图8-3 加冰饮用的阿美瑞卡诺

（1）配料：45毫升意式浓缩咖啡、开水。

（2）制作步骤如下。

第一步：制作45毫升意式浓缩咖啡（步骤与制作意式浓缩咖啡相同），用180毫升的玻璃杯装载。

第二步：加入开水，直至杯满。

任务2　冷冻咖啡饮品

一、冰咖啡（Iced coffee）

尽管冰咖啡是一种很简单的饮品，但是一些咖啡厅里常犯的最大错误就是将滚烫的热咖啡直接倒入装满冰块的杯子里就完事了，其结果就是制作出来的咖啡凉而索然无味，因为冰块稀释了咖啡液体。如果真要这样做，可以通过煮制非常浓的咖啡来解决这个问题。其实，可以让热咖啡先自然冷却再加冰块。通过使用非常冷的容器以及塑料“冰块”（用于快速给饮料降温同时又不会稀释饮料）进行的快速冷却可以使一杯咖啡变得更加平缓。另一种办法是直接用煮好的咖啡制作冰块。将这些用咖啡制作的冰块（而不是普通的水冰块）加到冷咖啡液体中就不会因为冰块的融化而造成咖啡被稀释。

如果喜欢甜的咖啡，可以趁热的时候加入糖。不过，随着咖啡的冷却，咖啡中明显的甜度也会发生变化。

二、咖啡沙冰饮料（Coffee frappe）

沙冰饮料一般是指一种有甜味的非乳制品液体，在冷冻的同时被搅拌混合，最后形成一种液体与细微冰晶组成的糊状混合饮品，可以使用吸管饮用。这种液体既可以放在一个不断搅拌的设备中逐步冷冻，也可以在搅拌机中与冰块一起混合。前者便于准备大量供反复取用的饮品，而后者一般是用于制作1～2份饮品。

咖啡沙冰饮品有多种类型，但是一定要注意咖啡沙冰与咖啡昔的区别。

咖啡沙冰饮料制作方法如下。

（1）方法一　将双倍浓稠的普通冷咖啡（用双倍的咖啡粉煮制，但煮制的时间并不需要延长一倍）倒入搅拌机中，按照每120毫升咖啡加入1汤匙糖的比例放糖。开启搅拌机，在搅拌机工作的同时，加入冰块，直至混合液浓稠为止。加

图8-4　麦当劳推出的咖啡沙冰

图8-5　乳品皇后公司推出的咖啡昔

入适量巧克力糖浆即为摩卡风味的咖啡沙冰，加入适量焦糖糖浆即为焦糖风味的咖啡沙冰。倒入玻璃或者塑料杯后，用喷射奶油及焦糖糖浆或者巧克力糖浆装饰（图8-4）。

（2）方法二　所有程序与方法一相同。只是先要将浓度适中的普通咖啡倒入制冰格中，放在冰箱里冻成冰块，用这种冰块替代普通冰块。

三、咖啡昔（Coffee shake）

与咖啡沙冰类似，但是其牛奶比例较大，更像奶昔。

咖啡昔制作方法。

（1）方法一　在搅拌机里，将双倍浓稠的普通咖啡与香草冰淇淋或者冷冻酸奶进行混合。先按照1：2的比例配备咖啡和冰淇淋，随后适当调整口味。如果混合后太稠，可以加入适量牛奶（图8-5）。

（2）方法二　基本与方法一相同，区别就在于所用的是两勺意式浓缩咖啡而不是普通的煮制咖啡，加入牛奶直至饮品完美混合为止。

四、泰式冰咖啡（Thai iced coffee）

泰式冰咖啡要求采用一种特别的咖啡，原名叫做“奥良”（OLIANG）。这种咖啡中只含有50%的咖啡豆，其余成分则为玉米、大豆以及少量的芝麻。

制作时，将约1500毫升水倒入罐中，再加入大约8勺“奥良”咖啡粉、两杯糖。在炉火上煮开，其间不断搅拌，然后用滤网将煮好的咖啡滤出。待冷却后再将咖啡液倒入玻璃杯中与牛奶按照1：1的比例混合，混合后的液体只占玻璃杯的

3/4，最后加入冰块，直至将玻璃杯装满为止。

泰式冰咖啡制作方法如下。

1. 第一种泰式冰咖啡制作方法

（1）配料：4.5杯水、1/4杯“奥良”咖啡粉、3/4杯砂糖、碎冰或者冰块、1～1.5杯喷射奶油

（2）制作步骤如下。

第一步：将水倒入一口烧锅中，再加入“奥良”咖啡粉。在炉火上用中火煮制，其间不断搅拌。待煮开后，从炉火上将烧锅移开［图（1）］。

第二步：加入白砂糖后放至冷却［图（2）］。为了加快溶化，可以搅动咖啡液体。

第三步：待冷却后再将咖啡液过滤到玻璃壶中［图（3）］。

第四步：将玻璃壶置于冰箱冷藏［图（4）］。饮用时，在玻璃杯中加入冰块或者碎冰，再将泰式冰咖啡与牛奶按照1：1的比例混合，混合后的液体只占玻璃杯的3/4，最后在杯子里加入喷射奶油。

图（1） 将水、咖啡粉和糖放入锅中烧开

图（2） 加入白砂糖

图（3） 将咖啡液过滤到玻璃壶

图（4） 将玻璃壶置于冰箱中冷藏

2. 第二种泰式冰咖啡制作方法

（1）配料：泰式咖啡粉、颗粒蔗糖（每份咖啡2～4汤匙）、香料（每份咖啡2茶匙）、小豆蔻粉以及杏仁粉、鲜奶或者奶油（每份30～60毫升）

（2）制作步骤如下。

第一步：用法式压泡咖啡壶制作出咖啡液体。

第二步：将制作好的咖啡倒入玻璃饮料壶中［图（1）］，加入糖和香料，轻轻搅拌。

第三步：将玻璃饮料壶在冰箱里放置一晚上［图（2）］。

第四步：将冷藏一晚上的咖啡倒入装有冰块的玻璃杯中［图（3）］，杯口留出一指宽的空间，再缓慢地加入奶油或者鲜奶，用薄荷叶装饰后即可享用。

图（1） 将咖啡倒入玻璃饮料壶

图（2） 将玻璃饮料壶冷藏

图（3） 倒入杯中

3. 第三种泰式冰咖啡制作方法

（1）配料：250毫升泰式冰咖啡、30毫升奶油或者浓牛奶、2汤匙砂糖、1汤匙精细小豆蔻粉

（2）制作步骤如下。

第一步：将预先制作好的泰式冰咖啡倒入玻璃杯［图（1）］。

第二步：往杯中加入砂糖、奶油或者浓牛奶［图（2）］。

第三步：加入小豆蔻粉搅拌［图（3）］。

第四步：加入喷射奶油或者浓牛奶后［图（4）］，即可享用。

图（1） 将咖啡倒入杯中

图（2） 加砂糖

图（3） 加入小豆蔻粉

图（4） 加入喷射奶油

五、咖啡冰淇淋（Coffee ice cream）

1. 用专用工具制作的咖啡冰淇淋

（1）配料：1杯牛奶、半杯砂糖、2汤匙速溶咖啡、2杯浓奶油、1汤匙香草浓缩液。

（2）制作步骤如下。

第一步：将牛奶、砂糖以及速溶咖啡放在电动搅拌机中搅拌1～2分钟，直至砂糖和速溶咖啡溶化［图（1）］。

第二步：将浓奶油和香草浓缩液倒入搅拌好的液体中［图（2）］。

第三步：将混合好的液体倒入冰淇淋制作工具中［图（3）］。

第四步：按照冰淇淋制作工具的说明书进行调和后，即可完成［图（4）］。

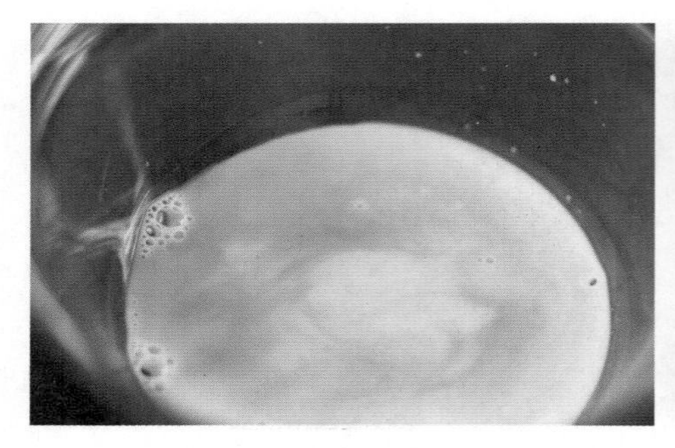

图（1） 将牛奶、砂糖和咖啡搅拌溶化

图（2） 加入浓奶油和香草浓缩液

图（3） 将液体倒入冰淇淋制作工具中

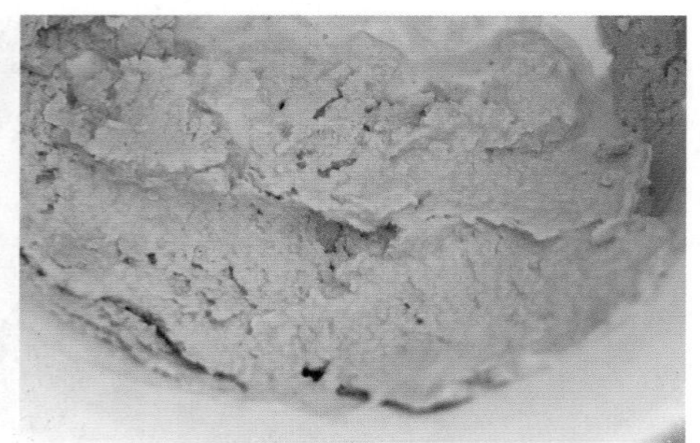

图（4） 制作好的冰淇淋

2．用常规冰箱制作的咖啡冰淇淋

（1）配料：咖啡研磨粉、牛奶、浓奶油、砂糖、鸡蛋

（2）制作步骤如下。

第一步：将咖啡粉与牛奶、浓奶油倒入厚底的烧锅中放在中火上加热，直至沸腾，其间频繁搅动。

第二步：将烧锅从炉火上移开，加盖放置30分钟。然后滤出咖啡粉渣，在咖啡液中加入一半的糖，反复搅拌直至糖溶化。

另取一只大碗，将蛋黄与余下的糖放入一起搅打至浓稠、颜色上更鲜亮，然后缓慢地将奶油加入到蛋黄混合液中。

第三步：将搅打好的蛋羹倒入厚底烧锅中，放在中火上加热至83℃。如果没有使用温度计，在炉火上加热至混合液浓厚地粘到汤匙的后背为止。

第四步：在蛋羹达到理想的浓度后，用滤筛将其过滤到放在冷水里的小碗中，频繁搅动以加快冷却的速度。当蛋羹接近室温时，加入香草精，盖紧盖子，然后放入冰箱冷冻。蛋羹在冷冻前温度越低，最后做成的冰淇淋就越好。而快速冷冻也会使冰淇淋更柔滑。

六、摩卡脆（Mocha brittle）

（1）配料：1.5杯糖、1杯超浓咖啡、1杯淡玉米糖浆、340克什锦坚果或者杏仁、5汤匙黄油、1茶匙香草精、1.5茶匙苏打粉、3汤匙可可粉

（2）制作步骤如下。

第一步：将可可粉与苏打粉充分混合。

第二步：将装有咖啡、糖、水、2汤匙黄油以及玉米糖浆的大烧锅置于大火上煮制。边煮边搅动，确保里面的糖在煮开时溶化，同时也不会煳锅。

第三步：将混合液体煮至140℃，然后慢慢加入坚果，继续煮制、搅拌，直至温度达到150℃时，关掉炉火。

第四步：将余下的3汤匙黄油以及香草精添加到烧锅中，搅拌至均匀混合。再加入可可及苏打粉，用劲搅拌。

第五步：将搅拌好的混合物倒在预先准备好的烘焙板上，用木勺子摊薄、凉透。将摊凉的咖啡脆甜品捣碎，存放于密封罐中。

知识链接

—何为咖啡“杯鉴”（Cupping）—

杯鉴是判定某一特定的咖啡样品的品质，包括口味和绵香的方法。具体杯鉴的方式就是先将每一个咖啡样品用统一标准的方法制作出来，用鼻孔吸入咖啡的绵香，然后对咖啡样品进行品尝。需要进行杯鉴的多个样品往往是一个挨一个地摆放着（图8–6）。

咖啡进口商和烘焙商采用这一方法的目的是为了对每一批次的青咖啡豆的品质和感官进行评价。鉴定时，杯鉴人要将其鉴定的咖啡的多个方面的内容记录在详尽的评价表上。因此，很多人觉得咖啡的杯鉴与其说是科学，更不如说是艺术。当然科学的手段是必不可少的。

图8–6　杯鉴工作现场

【在下面空白处写下你学习本专题时的实践记录和体会】

附录

创意拿铁咖啡雕饰鉴赏

蝴蝶

小熊

旋转图案

星空

萌狮

萌萌的泰迪熊

绚丽花朵

雪花

萌狗狗

冲浪

绿色花园

萌熊猫

小女孩

灿烂阳光

星星和月亮

人像

绿色圣诞树

旋转的心

苹果LOGO

Hello Kitty

愤怒的小鸟

笑脸

小狗狗

天鹅

美丽花朵

跟我结婚吧?

唐老鸭

哆拉A梦

快速自行车

熊与男孩

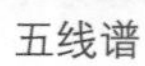

五线谱

美丽花朵

神奇星星

白色圣诞树

泡沫泰迪熊

三叶草

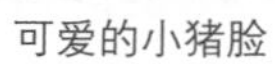

可爱的小猪脸

海马

英文字母

蜜蜂

飞翔的小鸟

巧克力鲜花

参考文献

1 张树坤. 酒店餐饮服务与管理［M］. 重庆：重庆大学出版社，2008.

2 Labensky，S.& G.G.Ingram. Webster's New World Dictionary of Culinary Arts［M］.New Jersey: Prentice Hall，1997.